南京理工大学"十三五"规划教材

高分子科学与工程实验

（第 2 版）

徐　勇　　王新龙　主编

东 南 大 学 出 版 社

·南京·

图书在版编目(CIP)数据

高分子科学与工程实验/徐勇,王新龙主编. —2
版. —南京:东南大学出版社,2019.5(2021.1重印)
 ISBN 978 - 7 - 5641 - 8258 - 8

Ⅰ.①高… Ⅱ.①徐…②王… Ⅲ.①高聚物—
试验 Ⅳ.①O63 - 33

中国版本图书馆 CIP 数据核字(2019)第 021113 号

高分子科学与工程实验(第2版)

主 编:徐 勇 王新龙
出版发行:东南大学出版社
社 址:南京四牌楼 2 号 邮编:210096
出 版 人:江建中
网 址:http://www.seupress.com
经 销:全国各地新华书店
印 刷:南京玉河印刷厂
开 本:787mm×1092mm 1/16
印 张:9.5
字 数:237 千字
版 次:2019 年 5 月第 2 版
印 次:2021 年 1 月第 2 次印刷
书 号:ISBN 978 - 7 - 5641 - 8258 - 8
定 价:38.00 元

本社图书若有印装质量问题,请直接与营销部联系。电话:025 - 83791830

前　　言

　　本书是在 2012 年出版的《高分子科学与工程实验》教材的基础上修订而成,内容涵盖教育部高分子材料与工程专业中高分子基础实验(包括高分子化学实验与高分子物理实验)和高分子材料成型加工实验大纲,兼顾实验课程的基础性、应用性及实验教学的可操作性,适应理工科实验教学改革方向,满足教育部"卓越工程师计划"和"中国工程教育专业认证"对高分子材料与工程专业关于实验方面的知识和能力要求。

　　全书共选编 43 个实验。除了加强对学生高分子化学、高分子物理和高分子材料加工三个方面基本实验技能的训练,促使学生通过实验进一步掌握相关的基础理论知识,本书还编写了一些综合性、设计性和探索性实验,培养学生的设计能力、独立解决问题的能力和基本的科研素养。本书是南京理工大学高分子实验教学组多年实验教学积累和改革的结晶,徐勇、王新龙、应宗荣、宋晔、朱绪飞、贾红兵、车剑飞等参与了本书的编写工作。全书由徐勇、王新龙负责统稿。本书可供高等院校高分子、化学、化工、材料、轻工、环境等相关专业师生使用,也可供从事高分子材料研究和开发的人员参考。

目　录

第一章　高分子合成实验

实验一　膨胀计法测定自由基聚合反应速率

一、实验目的

掌握采用膨胀计法测定聚合反应速率的原理,加深对自由基聚合动力学的理解,学习实验数据的处理。

二、实验原理

在聚合反应中,不同的聚合体系与聚合条件具有不同的聚合反应速率。可以采用多种方法测定聚合反应速率,如直接取样称重法、膨胀计法、折光指数法、黏度法及红外光谱法等,本实验采用膨胀计法。

简易膨胀计是由一根带刻度的毛细管与贮存器(锥形瓶)相连的装置。当整个装置充满液体时,容易观察到很小的体积变化。使用简易膨胀计测定聚合反应速率的依据是单体密度小,聚合物密度大,随着聚合反应的进行,体积会不断收缩。当一定量单体进行聚合时,体积的变化与转化率成正比。因此,只要测出聚合过程中体积的变化,就可以换算出单体形成聚合物的转化率,从而绘出聚合时间对转化率曲线,取其直线部分进而可求出聚合反应速率。

将单体和引发剂混合物充满到膨胀计的毛细管下部刻度线,然后将膨胀计浸入到已加热到一定温度的恒温水浴中。最初,毛细管中的液面由于单体的热膨胀作用而上升,但几分钟后可以观察到毛细管的液面下降,表明聚合反应开始,从管内液体升至最高点到开始下降的这段时间为诱导期。记录不同时间毛细管液面下降刻度,通过数据处理、计算可以求出聚合反应速率。

三、仪器与药品

膨胀计,烧杯,超级恒温水浴,精密温度计。
甲基丙烯酸甲酯(新鲜蒸馏),过氧化二苯甲酰(BPO),甲苯,丙酮。

四、实验步骤

1. 膨胀计校准

锥形瓶体积的校准通过称量空的和充满水的膨胀计完成,由水的重量(质量)和它在测定温度下的密度得出瓶的体积。

2. 聚合过程

准确称取 15.000 0 g 甲基丙烯酸甲酯和 0.150 0 g BPO 在 50 mL 的小烧杯中混合均匀后,加入锥形瓶中。插入毛细管,料液弯月面刻度值和瓶的体积相加为起始液体体积 V_0,将膨胀计固定在(60 ± 0.5)℃的恒温水浴中。由于热膨胀,毛细管内液面不断上升,当液面稳定不动时即达到了热平衡,记录时间及膨胀计液面高度作为实验起点。当液面开始下降时,表示聚合反应已开始,记下时间 t,以后每 5 min 记录一次液面变化情况直到实验结束。取出膨胀计,把容器中溶液倒入回收瓶中,然后用少量甲苯清洗膨胀计,回收甲苯,至少洗三次;再用丙酮洗两次,放入烘箱,低温烘干。

五、数据处理

1. 诱导期:从热平衡至反应开始的时间。

2. 单体转化率 $c\%$

在聚合反应中密度为 d_1、质量为 W_1 的单体完全转化为密度为 d_2 的聚合物时,聚合物的质量仍然是 W_1,但总体积发生变化,体积的转化分数为

$$\Delta V_{\text{总百分率}} = \frac{W_1/d_1 - W_1/d_2}{W_1/d_1} = \frac{d_2 - d_1}{d_2} \tag{1}$$

$$\text{单体转化率}(c\%) = \Delta[M]/[M] = -\frac{\Delta V/V_0}{(d_2 - d_1)/d_2} \tag{2}$$

式中:$\Delta[M]$ 为单体浓度变化量;ΔV 为 t 时刻体积收缩值(mL);V_0 为原始体积(锥形瓶加毛细管底部体积)(mL);d_1 为单体密度;d_2 为聚合物密度。

3. 转化率-时间曲线,根据式(2)求出不同反应时间 t 下的转化率 $c\%$,其中 $d_{\text{MMA}} = 0.896$ g/cm³,$d_{\text{PMMA}} = 1.179$ g/cm³(25℃)。以 $c\%$ 对 t 作图得到转化率-时间曲线,从斜率求得反应速率 $R = [M]_0 \times (\mathrm{d}c\%/\mathrm{d}t)$(假定引发剂在大量单体 MMA 中不影响其浓度)。

4. 反应总速率常数

根据聚合动力学,有下列等式存在:

$$-\mathrm{d}[M]/\mathrm{d}t = K[I]^{1/2}[M] \tag{3}$$

积分得 $\ln[1/(1-c)] = K[I]^{1/2}t$,以 $\ln[1/(1-c)]$ 对 t 作图,其斜率等于 $K[I]^{1/2}$,低转化率下,$[I] = [I]_0$,则可得到总反应速率常数。若已知 BPO 在 60℃ 下的 K_d 及引发 MMA 的引发效率 f,则进一步可求得 $K_p/(K_t)^{1/2}$(60℃ 时,BPO 的 $K_d = 1.12 \times 10^{-6}$ s⁻¹,$f = 0.492$)。

六、安全提示

1. 甲苯,有毒,对皮肤和黏膜刺激性大,对神经系统作用比苯强,长期接触有引起膀胱

癌的可能。

2. 甲基丙烯酸甲酯,为麻醉剂,麻醉浓度和致死浓度几乎相同,有弱的刺激作用。遇明火、高热或与氧化剂接触,有引起燃烧爆炸的危险。皮肤接触:脱去污染的衣着,用肥皂水及清水彻底冲洗。眼睛接触:立即翻开上下眼睑,用流动清水冲洗 15 min,就医。吸入:脱离现场至空气新鲜处,呼吸困难时给输氧;呼吸停止时,立即进行人工呼吸。食入:给误服者饮足量温水,催吐,就医。灭火方法:雾状水、泡沫、二氧化碳、干粉、砂土。

七、实验前预习的问题

1. 自由基聚合反应动力学推导。
2. 标定毛细管的体积。

八、思考题

1. 本实验测定聚合反应速率的原理是什么?
2. 为什么这种膨胀计不适用于研究缩聚反应速率?
3. 试说明聚合反应速率测定为什么均在低于 10% 转化率下进行。
4. 分析诱导期产生原因。

实验二 醋酸乙烯酯的自由基溶液聚合

一、实验目的

掌握自由基溶液聚合原理及聚合过程的特点,了解聚醋酸乙烯酯的性质。

二、实验原理

单体和引发剂溶于溶剂中进行的聚合叫做溶液聚合。与本体聚合相比,溶液聚合体系黏度较低,混合和传热较易,温度易控制,较少凝胶效应,可避免局部过热。但溶液聚合也有缺点:(1) 单体浓度较低,致使聚合速率较慢,设备生产能力低;(2) 单体浓度低和向溶剂链转移的双重结果导致所得聚合物相对分子质量低;(3) 溶剂分离回收费用高,除净聚合物中残留的溶剂困难。因此,工业上溶液聚合多用于聚合物溶液直接使用的场合,如涂料、胶黏剂、合成纤维纺丝液、继续进行化学反应等。此外,溶液聚合有可能消除凝胶效应,在实验室内作动力学研究有其方便之处。选用链转移常数小的溶剂,容易建立稳态,便于找出聚合速率、相对分子质量与单体浓度、引发剂浓度等参数之间的定量关系。

聚醋酸乙烯酯是涂料、胶黏剂的重要品种之一,同时也是合成聚乙烯醇的聚合物前体。本实验是以偶氮二异丁腈(AIBN)为引发剂,甲醇为溶剂的醋酸乙烯酯溶液聚合,为自由基聚合反应。

三、仪器和药品

三颈瓶(250 mL),量筒(10 mL、20 mL、100 mL),搅拌器,冷凝管,温度计,恒温水浴。

醋酸乙烯酯(新蒸),甲醇,偶氮二异丁腈(AIBN)。

四、实验步骤

在装有搅拌器、冷凝管、温度计的 250 mL 三颈瓶中,分别加入 50 mL 醋酸乙烯酯、10 mL 溶有 0.21 g AIBN 的甲醇,开动搅拌,加热,将反应物逐步升温至(62±2)℃,反应约 3 h,升温至(65±1)℃,继续反应 0.5 h,停止加热,冷却结束聚合反应。称取 2～3 g 产物在烘箱中烘干,称重,计算单体转化率。

五、注解

1. 主要原料性质

(1) 醋酸乙烯酯,英文名为 Vinyl acetate,Vinyl acetic ester,缩写为 VAc。别名为乙酸乙烯酯、醋酸乙烯。用于生产聚乙烯醇、涂料及黏合剂等。CAS：108 - 05 - 4。理化性质：无色易燃液体,有甜的醚味。相对密度(水＝1)0.930,熔点－93.2℃,沸点 72.2℃,闪点(开杯)－1℃。与乙醇混溶,能溶于乙醚、丙酮、氯仿、四氯化碳等有机溶剂,不溶于水。易聚合。

(2) 甲醇,又名木醇、木酒精。英文名 Methanol,Methyl alcohol,Carbinol,Wood alcohol,Wood spirit,Methyl hydroxide。理化性质：无色、透明、高度挥发、易燃液体,略有酒精气味。相对密度(水＝1)0.792,熔点－97.8℃,沸点 64.5℃,闪点 12.2℃,自燃点 463.9℃。能与水、乙醇、乙醚、苯、酮、卤代烃和许多其他有机溶剂相混溶。遇热、明火或氧化剂易着火,蒸汽与空气混合物爆炸极限 6％～36.5％。主要用作精细化工、塑料、医药、林产品加工等领域的基本有机化工原料,可开发出 100 多种高附加值化工产品,尤其深加工后作为一种新型清洁燃料和加入汽油掺烧发展前景越来越广阔。

2. 产品

聚乙酸乙烯酯,又称醋酸乙烯树脂或乙酸乙烯树脂,属热塑性树脂。随聚合方法不同可制得胶乳或无色透明固体。玻璃化转变温度 28～40℃,拉伸强度 34 MPa,介电常数(103 Hz)1.15,吸水性 2％～5％。溶于芳烃、酮、醇、酯和三氯甲烷。黏着力强,耐稀酸、稀碱。主要用作涂料、胶黏剂、纸张、口香糖基料和织物整理剂,也作聚乙烯醇和聚乙烯醇缩醛的原料。聚乙酸乙烯酯由醋酸乙烯以自由基引发剂引发,可用乳液、悬浮、本体和溶液聚合法生产。

六、安全提示

乙酸乙烯酯：毒性低,大白鼠经口 LD50 为 2 920 mg/kg。有麻醉性和刺激作用,高浓度蒸汽可引起鼻腔发炎、眼睛出现红点,皮肤长期接触有产生皮炎的可能。操作场所应保持良好通风,操作人员应配备防护装具。皮肤接触后,立即用肥皂和水洗净并涂抹润肤剂。

甲醇：透明、无色、易燃、有毒的液体,略带酒精味,是假酒的主要成分,过多食用会导致失明,甚至死亡。

七、实验前预习的问题

1. 画出该实验简易装置图,列出主要反应物的投料比、反应时间及反应温度。
2. 画出该实验流程图。

1. 溶液聚合反应的溶剂应如何选择？
2. 本实验采用甲醇作溶剂是基于何种考虑？
3. 讨论影响醋酸乙烯酯溶液聚合反应速率和转化率的因素。

实验三　苯乙烯自由基悬浮聚合

一、实验目的

掌握悬浮聚合的基本原理及聚合过程的特点，了解苯乙烯自由基聚合的方法。

二、实验原理

悬浮聚合实质上就是借助于较为强烈的搅拌和悬浮剂的作用，将不溶于水的单体分散在水中形成直径为 0.01～5 mm 小液滴进行的聚合。其中水为连续相，单体为分散相，聚合在每个小液滴内进行，反应机理与本体聚合相同，可看作小本体聚合。根据聚合物在单体中的溶解性有均相、非均相聚合之分。如是将水溶性单体的水溶液作为分散相悬浮于油类连续相中，在引发剂的作用下进行聚合的方法，称为反相悬浮聚合。悬浮聚合产物的颗粒粒径一般在 0.05～2 mm，其形状、大小随搅拌强度和分散剂的性质而定。

悬浮聚合体系一般由单体、引发剂、水、分散剂四个基本组分组成。在搅拌剪切作用下，溶有引发剂的单体分散成小液滴，悬浮于水中引发聚合。不溶于水的单体在强力搅拌作用下，被分散成小液滴、不稳定的体系，随着反应的进行，分散的液滴又可能凝结，体系中必须加入分散剂。

悬浮聚合的优点是聚合热易扩散，聚合反应温度易控制，聚合产物相对分子质量分布窄；聚合产物为固体珠状颗粒，易分离、干燥。缺点是存在自动加速作用，必须使用分散剂，且在聚合完成后，分散剂很难从聚合产物中除去，会影响聚合产物的性能；聚合产物颗粒会包藏少量单体，不易彻底清除，影响聚合物性能。

三、化学药品与仪器

苯乙烯，过氧化二苯甲酰（BPO），聚乙烯醇（PVA），去离子水。
四口烧瓶，球形冷凝管，恒温水浴，搅拌器，温度计，量筒，锥形瓶，布氏漏斗，抽滤瓶。

四、实验步骤

分别将 0.3 g BPO 和 16 mL 苯乙烯加入 100 mL 锥形瓶中，轻轻摇动至溶解后加入装有冷凝管、温度计、搅拌器的 250 mL 四口烧瓶中。再用 7～8 mL 0.3% PVA 水溶液和 130 mL 去离子水冲洗锥形瓶及量筒后加入四口烧瓶中，开始搅拌和加热；在半小时内，将温度慢慢加热至 85～90 ℃，保持此温度反应 2 h 后，用吸管吸少量反应液于含冷水的表面皿中观察，若聚合物颗粒变硬就可结束反应。冷却至室温,过滤分离,反复水洗,将产物在鼓风烘箱中50℃干燥,称重。

五、注解

1. 悬浮聚合

悬浮聚合解决了本体聚合中不易散热的问题,聚合过程和机理与本体聚合相似。其主要组分有单体、分散介质(水)、分散剂(悬浮剂)和引发剂。

(1) 单体

苯乙烯、醋酸乙烯酯、甲基丙烯酸酯等可以进行悬浮聚合。

(2) 分散介质

分散介质大多为水,作为热传导介质。

(3) 悬浮剂

调节聚合体系的表面张力、黏度,避免单体液滴在水相中黏结。主要有:

a. 水溶性高分子:明胶,淀粉,聚乙烯醇等。

b. 难溶性无机物:$BaSO_4$,$BaCO_3$,$CaCO_3$,滑石粉,黏土等。

c. 可溶性电解质:$NaCl$,KCl,Na_2SO_4 等。

(4) 引发剂

主要为油溶性引发剂,如过氧化二苯甲酰,偶氮二异丁腈等。

2. 苯乙烯

无色透明油状液体,沸点 145.2℃,熔点 −30.6℃,相对密度(水=1)0.91,黏度 0.725(25℃)。难溶于水,能溶于甲醇、乙醇及乙醚等溶剂中。能自聚生成聚苯乙烯(PS)树脂,也很容易与其他含双键的不饱和化合物共聚。空气中爆炸极限 1.1%～6.1%。

3. 聚乙烯醇

白色固体,分絮状、颗粒状、粉状三种,无毒无味,熔点230℃,玻璃化温度75～85℃。可在80～90℃水中溶解,水溶液有很好的黏结性和成膜性。聚乙烯醇广泛用作维尼纶原料,其溶液用作棉、人造纤维、人造棉纱的浆料,也是纸板、皮革、纸张、标签、印刷等的良好黏合剂。

4. 实验过程

PVA 难溶于水,必须待 PVA 完全溶解后,才可以开始加热。搅拌速度要适中,搅拌激烈时,易生成砂粒状聚合物;搅拌太慢时,易产生结块,附着在反应器内壁或搅拌棒上。为了保证获得均匀的细珠状聚合物,搅拌速度不宜随意改变。

5. 产物的性质

聚苯乙烯,一种热塑性树脂,无色、无臭、无味而有光泽的透明固体。相对密度 1.04～1.09。溶于芳香烃、氯代烃、脂肪族酮和酯等,但在丙酮中只能溶胀。具有耐化学腐蚀性、耐水性和优良的电绝缘性和高频介电性。缺点是耐热性低,耐光性差,性脆,易发生应力开裂。主要用于加工成塑料制品,如无线电、电视、雷达等的绝缘材料,并用于制硬质泡沫塑料、薄膜、日用品、耐酸容器等。

聚苯乙烯由苯乙烯经本体法或悬浮法聚合而成。苯乙烯还可以采用阴离子和阳离子聚合,与这两种方法比较起来,悬浮聚合能在水中进行,得到的是圆珠状粒子,而其他两种接触到水反应会终止。苯乙烯还可以采用乳液聚合。

六、安全提示

苯乙烯：对眼和上呼吸道黏膜有刺激和麻醉作用。眼部受苯乙烯液体污染时,可致灼伤。长期接触时可引起阻塞性肺部病变,皮肤粗糙、皲裂和增厚,为可疑致癌物。皮肤接触时,脱去污染的衣着,用肥皂水和清水彻底冲洗皮肤。进入眼睛时立即提起眼睑,用大量流动清水或生理盐水彻底冲洗至少 15 min。

称量 BPO：采用塑料匙,避免使用金属匙。

七、实验前预习的问题

1. 画出该实验简易装置图,列出主要反应物的投料比、反应时间及反应温度。
2. 简单画出该实验流程图。

八、思考题

1. 悬浮聚合有哪些特点?
2. 影响粒径大小的因素有哪些?
3. 搅拌速度的大小和变化,对粒径的影响如何?

实验四　苯丙乳液的制备

一、实验目的

掌握乳液聚合的基本原理及乳液聚合过程的特点,了解乳液的应用。

二、实验原理

单体在乳化剂及机械搅拌的作用下,采用水溶性引发剂,在水中形成乳状液而进行的聚合过程称为乳液聚合。乳液聚合体系由水、乳化剂、单体、引发剂组成。一般水与单体的配比(质量)为 70/30～40/60,乳化剂为单体的 0.2%～5%,引发剂为单体的 0.1%～0.9%。工业配方中常另加缓冲剂、相对分子质量调节剂和表面张力调节剂等。根据聚合反应速率、体系中单体液滴、乳胶粒、胶束数量的变化情况,可将乳液聚合分为三个阶段：第一阶段称乳胶粒形成期,或成核期、加速期,直至胶束消失;第二阶段称恒速期;第三阶段称降速期。

乳液聚合的特点：(1)聚合速度快,相对分子质量高;(2)适用于各种单体进行聚合及共聚合,有利于乳液聚合物的改性和新产品的开发;(3)以水为反应介质,黏度小,成本低,反应热易导出,反应平稳安全;(4)乳液产品可直接用作涂料和黏合剂等;(5)由于聚合反应中加有较多乳化剂,聚合物不纯,在需要固体聚合物时后处理工序复杂,成本高。

乳液聚合生产品种主要有氯丁、丁腈、丁苯等合成橡胶,聚丙烯酸酯乳液、聚乙酸乙烯酯乳液等,还可利用接枝嵌段乳液共聚合成出如抗冲性工程塑料 ABS 树脂。聚合物乳液在纺织加工、涂料、皮革整饰、黏合剂和造纸等行业应用广泛。

三、化学药品与仪器

苯乙烯,甲基丙烯酸甲酯,丙烯酸丁酯,丙烯酸,OP-10,十二烷基硫酸钠,碳酸氢钠,过硫酸钾,氨水。

四口烧瓶,圆底烧瓶,冷凝管,滴液漏斗,Y型管,电动搅拌器,恒温水浴,温度计。

四、实验步骤

1. 单体预乳化

在 500 mL 的圆底烧瓶中加入 100 mL 水,0.5 g 碳酸氢钠,1.0 g 十二烷基硫酸钠,1.0 g OP-10,搅拌溶解后依次加入 2.5 g 丙烯酸,11.7 g 甲基丙烯酸甲酯,27.5 g 丙烯酸丁酯,28.3 g 苯乙烯,室温下搅拌乳化。

2. 聚合过程

称取 0.21 g 过硫酸钾于锥形瓶中,用 30 mL 水溶解配成引发剂溶液。在四口烧瓶中加入 40 mL 单体预乳化液,搅拌升温至 78℃后滴加 8 mL 引发剂溶液,约 20 min 滴完。然后同时分别滴加剩余的单体预乳化液和 14 mL 引发剂溶液,2.5 h 内滴完。再在 30 min 内滴加完剩余的 8 mL 引发剂溶液。缓慢升温至 90℃,熟化 1 h,冷却反应液至 60℃,加氨水调 pH 至 8,出料。

五、注解

1. 十二烷基硫酸钠,白色至微黄色粉末,微有特殊气味。熔点 180～185℃(分解)。易溶于水而成半透明溶液,对碱、弱酸和硬水都很稳定。表观密度 0.25 g/mL。无毒。

2. OP-10,无色或淡黄色油状液体,在水中溶解呈透明状溶液。分子式为

$$C_8H_{17}\text{—}\langle\text{苯环}\rangle\text{—O—(CH}_2\text{CH}_2\text{O)}_{10}\text{H}$$，相对分子质量 646,HLB 值 14.5。具有很好的乳化、润湿、分散、去污和抗静电能力,抗硬水性能较好。能耐酸、耐碱。可与各类表面活性剂混用。用作丙烯酸酯、醋酸乙烯酯等烯类单体乳液聚合的非离子型乳化剂。

3. 丙烯酸,无色液体,有刺激性气味。熔点 13.5℃,沸点 141℃(101.3 kPa)。溶于水、乙醇和乙醚。易聚合,通常加甲氧基氢醌或氢醌作阻聚剂。酸性强,有严重腐蚀性。

4. 丙烯酸丁酯,无色液体。熔点 −64.6℃,沸点 146～148℃。溶于乙醇、乙醚、丙酮等有机溶剂,几乎不溶于水,在水中溶解度为 0.14 g/100 mL(20℃)。加热易聚合,可加 $1.0×10^{-4}$ 对苯二酚作阻聚剂。用于制合成树脂、合成纤维、合成橡胶、塑料、涂料、胶黏剂等。由丙烯酸与丁醇经酯化或由丙烯酸甲酯与丁醇经酯交换而制得。

5. 乳液聚合

乳液聚合对水质要求较高。若聚合不能正常进行,或产物稳定性不好,应检查水质是否符合要求。

聚合反应开始后,有一自动升温过程。聚合阶段应严格控制聚合温度不得高于 85℃,否则,乳化剂的乳化效果将降低,并有溢料的危险。

聚合反应过程中液面边缘若无淡蓝色现象出现,产物的稳定性将会不好。若遇此情况,实验应该重新进行。

6. 苯丙乳液

苯丙乳液由苯乙烯和丙烯酸酯单体经乳液共聚而得,乳白色液体,带蓝光。固体含量30%~50%,黏度80~1 500 mPa·s,单体残留量0.5%,pH8~9。苯丙乳液附着力好,胶膜透明,耐水、耐油、耐热、耐老化性能良好。苯丙乳液用作纸品胶黏剂,也可与淀粉、聚乙烯醇、羧甲基纤维素钠等胶黏剂配合使用。

六、安全提示

1. 丙烯酸:低毒,对皮肤、眼睛和呼吸道有强烈刺激作用,通过吸入、食入、经皮吸收侵入。其蒸汽与空气形成爆炸性混合物,遇明火、高热能引起燃烧爆炸。与氧化剂能发生强烈反应。若遇高热,可能发生聚合反应,出现大量放热现象,引起容器破裂和爆炸事故。皮肤接触:脱去污染的衣着,立即用水冲洗至少15 min。眼睛接触:立即提起眼睑,用流动清水或生理盐水冲洗至少15 min。吸入:迅速脱离现场至空气新鲜处,保持呼吸道通畅。必要时进行人工呼吸,就医。食入:给误服者饮大量温水,催吐,就医。灭火方法:雾状水、二氧化碳、砂土。

2. 丙烯酸丁酯:低毒,易燃,遇明火、高热或与氧化剂接触,有引起燃烧爆炸的危险。吸入、口服或经皮肤吸收对身体有害。其蒸汽或雾对眼睛、黏膜和呼吸道有刺激作用。中毒表现有烧灼感、咳嗽、喘息、喉炎、气短、头痛、恶心和呕吐等感觉。灭火方法:泡沫、干粉、二氧化碳、砂土,用水灭火无效。

七、实验前预习的问题

1. 画出该实验简易装置图,列出主要反应物的投料比、反应时间及反应温度。
2. 简单画出该实验流程图。

八、思考题

1. 讨论乳液聚合的工艺特点,指出其优缺点,并与悬浮聚合比较。
2. 假设单体的转化率为100%,计算所得到共聚物的玻璃化温度,并与实测值比较。
3. 根据乳液聚合条件不同,所得的乳液有时泛蓝色,有时泛淡绿色。通过这些现象,可对乳液的质量做出什么结论?

实验五　聚苯胺的制备和导电性观测

一、实验目的

了解溶液聚合制备聚苯胺的方法,了解导电高分子知识及聚苯胺的性质。

二、实验原理

聚苯胺(PAn)作为一种较常见的导电高分子,因其具有原料易得、制备方法简便、环境稳定性好等优点而深受人们的重视。对 PAn 的聚合机理和产物结构有过许多研究和争论,目前被广泛接受的 PAn 结构模型为 1987 年 Mac Diarmid 提出的苯式-醌式结构单元共存的模型,如图 1-1 所示。

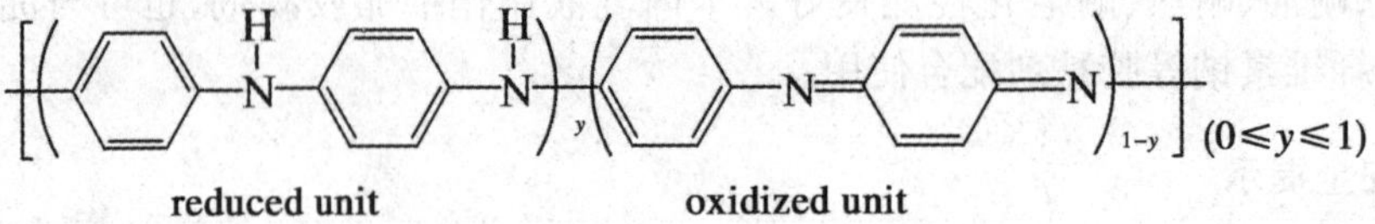

reduced unit   oxidized unit

图 1-1 苯式-醌式结构单元共存模型

可以看出,PAn 结构中不但含有"苯-醌"交替的氧化形式,而且含有"苯-苯"连续的还原形式。其中,y 代表 PAn 的氧化程度,不同的 y 值对应于不同的结构组分和颜色及电导率,如图 1-2 所示。当 $y=0$ 时,为全氧化态;当 $y=1$ 时,为全还原态;当 $y=0.5$ 时,为"苯-醌"比是 3:1 的半氧化半还原结构(中间氧化态),掺杂后导电性最好。y 值的大小受聚合时的氧化剂种类、浓度等条件影响。用过硫酸铵作氧化剂的聚合产物中,y 接近于 0.5。PAn 这种结构的形成一般认为可分成两步:第一步,单体按阳离子自由基机理聚合成全醌二亚胺结构;第二步,该结构被苯胺单体还原为苯二胺和醌二亚胺交替结构。

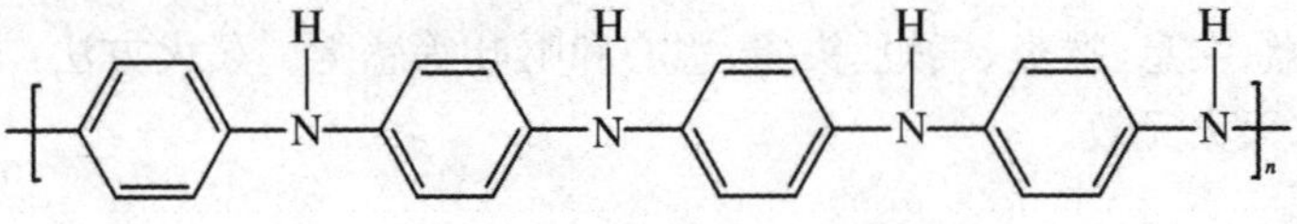

(a) 全苯式,$y=1$,全还原态,leucoemeraldine base

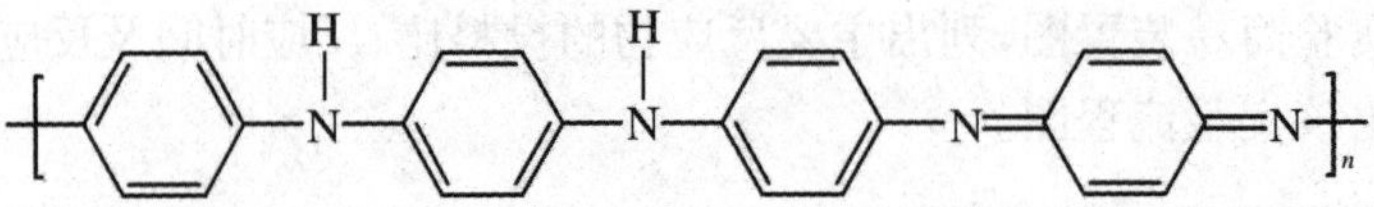

(b) 单醌式,$y=0.5$,emeraldine base

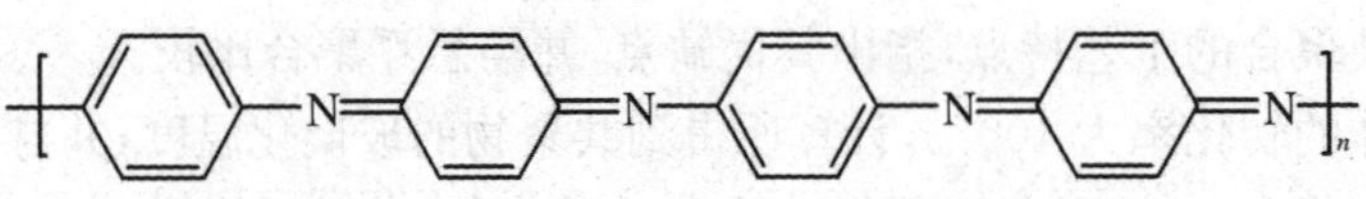

(c) 双醌式,$y=0$,全氧化态,pernigraniline base

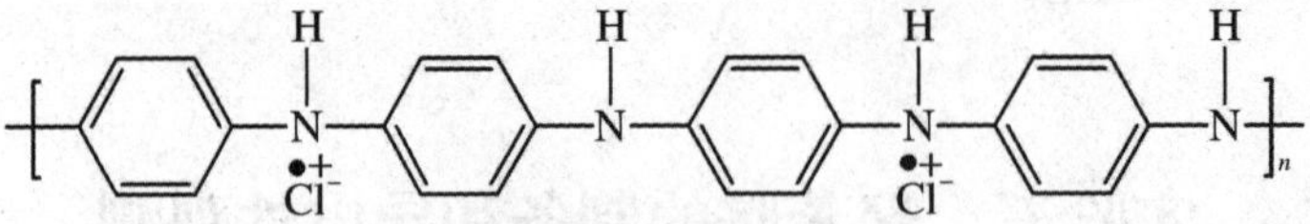

(d) 掺杂态,emeraldine salt

图 1-2 不同状态 PAn 的结构

PAn 处于前 3 种状态都为绝缘体,在 $0<y<1$ 的任一状态,都能通过质子酸掺杂从绝缘体变成导体,(d)式为 HCl 掺杂态。PAn 经质子酸掺杂后,其电导率可提高十个数量级以上。

目前 PAn 主要是以苯胺(An)为原料,使用电化学和化学方法氧化而得到,PAn 的组成结构和性能与聚合方法、溶液组成及反应条件密切相关。苯胺的化学氧化聚合通常是在苯胺/氧化剂/酸/水体系中进行。常用的氧化剂有过硫酸铵 $[(NH_4)_2S_2O_8]$、重铬酸钾

（$K_2Cr_2O_7$）、过氧化氢（H_2O_2）、碘酸钾（KIO_3）和高锰酸钾（$KMnO_4$）等。过硫酸铵由于不含金属离子，后处理简便，氧化能力强，且在 $-5\sim50℃$ 温度范围均有良好的氧化活性，因此成为苯胺氧化聚合中最常用的氧化剂。自从 1980 年 Diaz 成功地用电化学氧化聚合法制备出电活性的 PAn 膜以来，大量研究工作围绕苯胺的电化学聚合及 PAn 的电化学行为展开。电化学合成 PAn 是以电极电位作为聚合反应的引发和反应驱动力。目前的方法主要有：动电位扫描法和恒电位、恒电流脉冲极化及各种手段的复合方法。电化学方法制备的 PAn 一般是沉淀在电极表面的膜或粉末。影响苯胺电化学聚合的因素有：电解质溶液的酸度，溶液中阴离子的种类，电极材料，苯胺单体浓度及其电化学聚合条件等。

三、化学药品与仪器

苯胺，过硫酸铵（APS），盐酸，丙酮。
四口烧瓶，恒压滴液漏斗，磁力搅拌器，油压机，万用表。

四、实验步骤

将 95 mL 盐酸、4.05 g 苯胺依次加入四口烧瓶中，盐酸浓度为 $2\ mol\cdot L^{-1}$，用冰水浴控制反应体系温度（0～5℃）。在电磁搅拌下，滴加 $1\ mol\cdot L^{-1}$ 过硫酸铵水溶液 50 mL，苯胺与过硫酸铵的物质的量之比为 $1:1$，1 h 内滴完，此时反应体系总体积为 150 mL，溶液颜色由透明逐渐变成蓝黑。继续反应 2 h 后，停止搅拌，结束反应。将反应混合物抽滤，用稀盐酸（$0.01\ mol\cdot L^{-1}$）、丙酮洗涤滤饼各三次，以除去未反应的有机物和低聚物，最后用大量去离子水洗至滤液 pH 为 6 左右。65℃真空干燥至恒重，研磨成粉末。按下式计算产率：

$$产率=\frac{聚苯胺质量}{苯胺单体质量}\times100\%$$

将干燥好的聚苯胺粉末用油压机在 1 MPa 压力下压制成直径 10 mm、厚度约为 4 mm 的圆片，用万用表的电阻挡观察其导电情况。

五、注解

1. 苯胺（Aniline）

别名苯胺油、氨基苯。分子式为 $\langle\!\!\!\bigcirc\!\!\!\rangle$—$NH_2$。油状液体，新蒸馏时为无色，暴露在空气或日光下变为褐色。熔点 $-6.0℃$，沸点 184.4℃，闪点（开杯）91℃。1 g 苯胺溶于 28.6 mL 水中、15.7 mL 沸水中。能与乙醇、苯、氯仿和绝大多数其他有机溶剂混溶。呈弱碱性，$0.2\ mol\cdot L^{-1}$ 水溶液 pH＝8.1，与酸化合成盐。

2. 聚苯胺合成的质子酸

质子酸通常选择盐酸（HCl）、磷酸（H_3PO_4）等挥发性酸。文献报道使用"非挥发性"质子酸如硫酸（H_2SO_4）和高氯酸（$HClO_4$）等进行聚合反应，在真空干燥后会残留在所得 PAn 表面，影响样品质量。大量研究表明，用大分子质子酸如十二烷基苯磺酸、樟脑磺酸、二壬基萘磺酸、丁二酸二辛酯磺酸等掺杂 PAn，在解决其溶解性的同时还可以提高其电导率。主要原因是，一方面大分子质子酸具有表面活化作用，相当于表面活性剂，掺杂到 PAn 中可以提高其溶解性;另一方面,大分子质子酸掺杂到 PAn 中,使 PAn 分子内及分子间的构象更有利于分子链上电荷的离域化,电导率将大幅度提高。同时,相对小分子酸而言,有机磺酸,如对甲基苯磺酸(TSA)和磺基水杨酸(SSA)有更高的热稳定性,所以有机磺酸无疑成为质子酸的一个好选择。

3. 聚苯胺合成的条件

反应温度对 PAn 的电导率具有一定影响。在低温(0℃左右)下聚合有利于提高 PAn 的相对分子质量并获得相对分子质量分布较窄的聚合物,能获得较高的电导率。

4. 导电高分子

按聚合物本身能否提供载流子,导电高分子材料可分为两大类:结构型导电高分子和复合型导电高分子。结构型导电高分子是指那些分子结构本身能提供载流子从而显示导电性的高分子材料,其载流子可以是电子、空穴,也可以是正负离子。复合型导电高分子是指高分子本身并无导电性,它是通过掺入的导电微粒或细丝提供载流子来实现导电的,如金属或碳粉与高分子共混而成的导电塑料。

研究发现,真正纯净的导电聚合物,或者说真正无缺陷的共轭结构高分子,其实是不导电的,它们只表现绝缘体的行为。要使它们导电或表现出导体、半导体的其他特征,必须使它们的共轭结构产生某种缺陷。"掺杂"是最常用的产生缺陷和激发的化学方法。实际上,掺杂就是在共轭结构高分子上发生的电荷转移或氧化还原反应。共轭结构高分子中的 π 电子有较高的离域程度,既表现出足够的电子亲和力,又表现出较低的电子离解能,因而视反应条件,高分子链本身可能被氧化(失去或部分失去电子),也可能被还原(得到或部分得到电子),相应地,借用半导体科学的术语,称作发生了"p 型掺杂"或"n 型掺杂"。

PAn 属于共轭结构型导电聚合物,其导电机理与金属和半导体均不相同。金属的载流子是自由电子,半导体的载流子是电子或空穴,而这类共轭型导电聚合物的载流子是"离域"π 电子和由掺杂剂形成的孤子、极化子、双极化子等构成。导电 PAn 不仅有由于掺杂而带来的金属(高电导率)和半导体(p 型和 n 型结构)的特征,还具有高分子的可分子设计结构多样化、可加工和相对密度小等优点。

PAn 的质子酸掺杂过程与其他导电高分子的掺杂截然不同,一般导电高分子的掺杂总是伴随着其主链上电子的得失,即在掺杂的过程中发生氧化还原反应(p 型掺杂或 n 型掺杂),这种反应是不可逆的。而 PAn 的质子酸掺杂没有改变主链上的电子数目,只是电子结构发生了变化。质子进入高聚物链上使链带正电,为维持电中性,阴离子也进入高聚物链,掺杂过程中形成极子和双极子在电场的作用下发生迁移而产生导电。半氧化型半还原型的本征态 PAn 可进行质子酸掺杂,全还原型 PAn 可进行碘掺杂和光助氧化掺杂。全氧化型 PAn 只能进行离子注入还原掺杂。全氧化态和全还原态 PAn 与质子酸作用,只能成盐而不产生掺杂效应。PAn 的主要掺杂点是亚胺氮原子,且苯二胺和醌二亚胺必须同时存在才能保证有效的质子酸掺杂。掺杂态 PAn 可用碱进行反掺杂,且掺杂与反掺杂是可逆的。研究发现,当氧化程度一定时,PAn 电导率随掺杂度(质子化程度)的增加而急剧增大,当掺杂度超过 15% 以后,电导率趋于稳定。在酸度低时,H^+ 浓度低,掺杂量较少,其导电性受到影响。因此质子酸成为苯胺氧化聚合的一个重要因素,它主要起两方面的作用:提供反应介质所需要的 pH 和以掺杂剂的形式进入 PAn 骨架,赋予其一定的导电性。

5.其他制备方法

化学氧化法一般分为溶液法和乳液法两大类。溶液法聚合的 PAn 通常可加工性能差（即在普通溶剂中难溶和难熔），成为加速 PAn 实用化进程的主要障碍，而乳液聚合法制备 PAn 相比之下有如下优点：

（1）用无环境污染且成本低的水为载体，产物不需沉淀分离以除去溶剂。

（2）若采用大分子有机磺酸充当乳化剂，则可一步完成质子酸的掺杂以提高 PAn 导电性。

（3）通过将 PAn 制备成可直接使用的乳状液，就可在后加工过程中避免再使用一些昂贵［如 N-甲基吡咯烷酮（NMP）］或有强腐蚀性（如浓硫酸）的溶剂，而实际上这些溶剂对掺杂态导电 PAn 的溶解性并不好。这样不但可以简化工艺，降低成本，保护环境，还可有效改善 PAn 的可加工性。

典型乳液聚合制备聚苯胺过程：在四口烧瓶中依次加入苯胺 5 mL、十二烷基苯磺酸 DBSA 8 g 和去离子水 150 mL，电磁搅拌混合 30 min，使其预乳化完全。再滴加配好的 1 mol·L^{-1} 过硫酸铵水溶液，30 min 内滴加完。保持体系为室温（20℃左右），反应 3 h 后，静置，加入丙酮破乳，过滤，用 DBSA 水溶液和丙酮各洗涤三次以除去未反应的有机物和低聚物，大量去离子水洗至滤液 pH=6 左右。65℃真空干燥至恒重，研磨成粉末。

典型电化学聚合法：采用不锈钢片（尺寸为 4 cm×1 cm×1 mm）作为工作电极，对电极，饱和甘汞电极为参考电极组成电化学聚合体系。将 1 mL 的苯胺溶于 0.5 mol·L^{-1} 的硫酸水溶液中，苯胺与硫酸的物质的量之比为 1:1。将此混合液超声震荡 30 min，得到均匀溶液作为电化学聚合的电解液。采用恒电位法，将恒压电源电压调至 1.2 V，电化学聚合 1 h 后停止反应。用去离子水冲洗不锈钢电极，65℃真空干燥至恒重。再用滤纸擦拭电极，使聚苯胺吸附于滤纸上。

六、安全提示

苯胺毒性较强，易燃、易随蒸汽挥发，应避免触及皮肤、吸入其蒸汽。

七、实验前预习的问题

1.列出化学氧化法合成聚苯胺时，主要反应物的投料物质的量之比。反应介质是什么？反应温度和反应时间为多少？

2.在化学氧化法合成聚苯胺时，滴加过硫酸铵的速度为何要缓慢？

3.溶液法和乳液法合成聚苯胺各有何优缺点？产物聚苯胺有何不同？

八、思考题

1.如何使导电聚苯胺具有良好的溶解性？

2.结构型导电聚合物应具有怎样的结构？为了使其导电，还需要采取什么措施？

3.化学氧化法合成聚苯胺时有哪些废渣？如何处理？

4.你对导电高分子的溶解性和加工性是如何认识的？

实验六　苯乙烯的阳离子聚合

一、实验目的

掌握阳离子聚合的机理及阳离子聚合过程的特点,学习苯乙烯阳离子聚合的方法。

二、实验原理

阳离子聚合是由阳离子引发而产生聚合反应的总称。阳离子聚合反应由链引发、链增长和链终止三个基元反应构成。

链引发:

$$C + RH \Longrightarrow H^+ (CR)^- \tag{1}$$

$$H^+ (CR)^- + M \longrightarrow HM^+ (CR)^- \tag{2}$$

其中 C、RH 和 M 分别表示引发剂、助引发剂和单体。

链增长:

$$HM^+ (CR)^- \quad + \quad nM \longrightarrow \quad HM_n M^+ (CR)^- \tag{3}$$

链转移和链终止:

$$HM_n M^+ (CR)^- \longrightarrow M_{n+1} + H^+ (CR)^- \quad (\text{向反离子转移中止}) \tag{4}$$

$$HM_n M^+ (CR)^- + M \longrightarrow M_{n+2} + H^+ (CR)^- \quad (\text{向单体转移中止}) \tag{5}$$

$$HM_n M^+ (CR)^- + XA \longrightarrow HM_n MA + XCR \quad (\text{添加转移剂或中止剂}) \tag{6}$$

阳离子聚合引发过程十分复杂,至今未能完全确定;碳阳离子易发生和碱性物质的结合、转移、异构化等副反应——构成了阳离子聚合的特点;溶剂、温度、反离子对聚合反应影响较为显著,很难获得高相对分子质量的聚合物。目前,采用阳离子聚合并大规模工业化的产品主要有丁基橡胶。

Lewis 酸是阳离子聚合的常用引发剂,在引发除乙烯基醚类以外单体进行聚合反应时,需加入助引发剂(如水、醇、酸等),如使用水或醇作为助引发剂,它们先与引发剂(如 BF_3)形成络合物,再解离出阳离子,引发聚合反应。

本实验以 BF_3/Et_2O 作为引发剂,在苯中进行苯乙烯阳离子聚合。

三、药品与仪器

苯乙烯,苯,$NaOH$,CaH_2,BF_3/Et_2O,无水硫酸钠,二苯甲酮,钠片,甲醇。
100 mL 两口瓶,直形冷凝管,注射器,注射针头,电磁搅拌器,真空系统,通氮系统。

四、实验步骤

1. 溶剂和单体的精制

苯乙烯的精制：在 100 mL 分液漏斗中加入 50 mL 苯乙烯单体，用 15 mL NaOH 溶液（5%）洗涤两次。用蒸馏水洗涤至中性，分离出的单体置于锥形瓶中，加入无水硫酸钠至液体透明。干燥后的单体进行减压蒸馏，收集 39～41℃/107.7 kPa 的馏分。

苯的精制：400 mL 苯置于带回流干燥器的烧瓶中，加入二苯甲酮和钠片，打开三通活塞，用加热套加热回流 30 min，在通入干燥氮气的条件下停止加热，冷却后将装有苯的烧瓶取下，立即加盖封闭，待用。

2. 引发剂精制

BF_3/Et_2O 长期放置，颜色会转变成棕色。使用前在隔绝空气下进行蒸馏。

3. 苯乙烯阳离子聚合

苯乙烯阳离子聚合所用的玻璃装置预先放置在 100℃烘箱中干燥过夜，趁热将反应瓶连接到双排管聚合系统上，体系抽真空、通氮气，重复三次，并保持反应体系为正压。先后注入 25 mL 苯和 3 mL 苯乙烯，开动电磁搅拌，再加入 BF_3/Et_2O 溶液 0.3 mL（质量浓度约 0.5%）。反应 4 h，水浴温度控制在 27～30℃，得到黏稠的液体。用 100 mL 甲醇沉淀出聚合物，用布氏漏斗过滤，甲醇洗涤，抽干，放入真空烘箱干燥，称重，计算产率。

五、注解

1. 阳离子聚合

阳离子聚合对杂质非常敏感，杂质对聚合反应会起到加速、阻碍、链转移或是链终止的作用，使得聚合物相对分子质量下降。因此，要对所用溶剂、单体和其他试剂进行精制，还需对聚合系统进行干燥。

阳离子型引发剂主要分成两大类：一类是强质子酸；一类是路易士酸。强质子酸常用的有 H_2SO_4，$HClO_4$ 等；路易士酸常用的有 $TiCl_4$，$SnCl_4$ 等。

2. 苯

具有芳香气味的无色透明挥发性液体，是一种不易分解的化合物，难溶于水，易溶于酒精、乙醚、丙酮、氯仿、汽油、二硫化碳等有机溶剂。熔点 5.5℃，沸点 80.1℃，空气中爆炸极限 1.3%～7.1%。

3. 苯精制

苯精制前预处理：400 mL 苯用 25 mL 浓硫酸洗涤两次以除去噻吩等杂环化合物，用 25 mL 5%NaOH 溶液洗涤一次，再用蒸馏水洗涤至中性，加入无水硫酸钠初步干燥。

4. 商品 BF_3/Et_2O

溶液中 BF_3 的含量为 46.6%～47.8%，必要时用干燥的苯稀释到适当浓度。

5. 其他制备方法

苯乙烯的聚合除了阳离子聚合方法外，还有阴离子聚合、自由基聚合等。苯乙烯可以采用乳液聚合，乳液聚合所用的引发剂是水溶性的，而且由于高温不利于乳液的稳定，引发体系产生自由基的活化能很低，使聚合可以在室温甚至更低的温度下进行。

六、安全提示

苯：属于有毒液体。不要吸入其蒸汽，不要触及皮肤。在通风良好处使用，并远离火种及热源。

浓硫酸：属于强腐蚀性液体，不要触及皮肤。

七、实验前预习的问题

1. 设计反应装置，画出主要反应装置图。
2. 列出实验流程图。

八、思考题

1. 阳离子聚合反应有什么特点？
2. 阳离子聚合为什么要在低温下进行？

实验七　双酚 A 型环氧树脂的制备

一、实验目的

了解缩合聚合原理，熟悉双酚 A 型环氧树脂的制备。

二、实验原理

环氧树脂是指分子中含有两个或两个以上环氧基团的有机高分子化合物，除个别外，它们的相对分子质量都不高。环氧树脂的分子结构是以分子链中含有活泼的环氧基团为其特征，环氧基团可以位于分子链的末端、中间或成环状结构。由于分子结构中含有活泼的环氧基团，使它们可与多种类型的固化剂发生交联反应而形成不溶、不熔的具有三维网状结构的高聚物。固化后的环氧树脂具有良好的物理、化学性能，它对金属和非金属材料的表面具有优异的黏结强度，介电性能良好，收缩率小，制品尺寸稳定性好，硬度高，柔韧性较好，对碱及大部分溶剂稳定，因而广泛应用于国民经济各部门，作浇注、浸渍、层压料、黏结剂、涂料等用途。

双酚 A 型环氧树脂由双酚 A 与过量的环氧氯丙烷在碱催化下聚合而成，其合成反应的机理迄今尚未定论，一般认为属于缩聚反应，总反应式如下：

$$(n+2)CH_2-CH-CH_2-Cl+(n+2)NaOH+(n+1)HO-\underset{CH_3}{\overset{CH_3}{\underset{|}{\overset{|}{C}}}}-OH \rightleftharpoons$$

$$CH_2-CH-CH_2-\left[O-\underset{CH_3}{\overset{CH_3}{C}}-O-CH_2-CH-CH_2\right]_n O-\underset{CH_3}{\overset{CH_3}{C}}-O-CH_2-CH-CH_2$$

$$+(n+2)NaCl+(n+2)H_2O$$

三、药品与仪器

双酚 A，环氧氯丙烷，氢氧化钠，甲苯。

四口烧瓶,冷凝管,滴液漏斗,温度计,水浴,电动搅拌器,分液漏斗,真空蒸馏装置。

四、实验步骤

在装有搅拌器、温度计、滴液漏斗、回流冷凝管的四口烧瓶中,加入 30 g 双酚 A 及 34 g 环氧氯丙烷,搅拌并加热,当温度升到 50℃时开始由滴液漏斗滴加 35 mL 30％NaOH 水溶液,在 50～60℃下于 2 h 内滴加完毕,提高温度于 70～75℃保持 1 h,得黄色黏稠树脂,加入 30 mL 蒸馏水、60 mL 甲苯,搅拌使树脂溶解,趁热倒入分液漏斗,静置分层,除去水层。

将树脂溶液倒回四颈瓶中,进行真空蒸馏,除去甲苯及未反应的环氧氯丙烷。加热,开动真空泵(注意流出速度),蒸馏到无流出物为止,控制蒸馏最终温度为 120℃,得到黄色透明树脂。

五、注解

1. 环氧树脂

根据不同配比和制法,可得不同相对分子质量的环氧树脂。低相对分子质量的为黄色或琥珀色高黏度透明液体,高相对分子质量的为固体,熔点一般是 145～155℃,溶于丙酮、环己酮、乙二醇、甲苯和苯乙烯等。环氧树脂与多元胺、有机酸酐或其他固化剂等反应变成坚硬的体型高分子化合物,无臭、无味、耐碱和大部分溶剂,对金属和非金属具有优异的黏合力,耐热性、绝缘性、硬度和柔韧性都好。可用作金属和非金属材料(如陶瓷、玻璃、木材等)的胶黏剂(黏合力强,俗称万能胶),也可用来制造涂料、增强塑料或浇铸成绝缘制件等,并可用于处理纺织品,有防皱、防缩、耐水等作用。低相对分子质量的环氧树脂可用作聚氯乙烯的稳定剂。

环氧树脂可以用二步法合成,不同催化剂催化。

2. 双酚 A

化学名称 2,2-双(4-羟基苯基)丙烷,商品名称双酚 A。白色粉末,熔点大于 155℃。不溶于水,稍溶于氯化烷烃和苯类,易溶于醇、酮。由于羟基的四个邻位氢很活泼,所以易进行卤化、硝化、磺化、烃化反应,与氢氧化钠溶液作用生成双酚钠盐。双酚 A 的化学性质比较稳定、无毒、无腐蚀,运输方便,但注意防潮、防雨淋、防热、防暴晒。

3. 环氧氯丙烷

环氧氯丙烷为无色、透明、油状液体,有与氯仿、醚相似的刺激性气味,是一种易挥发、不稳定的液体,微溶于水,易溶于酒精、乙醚、苯等有机溶剂,可与多种有机液体形成共沸物,有毒性和麻醉性。密度 1.181 g/cm³,沸点 116.1℃,熔点−25.6℃,空气中燃烧极限(体积) 3.8％～21.0％。环氧氯丙烷是一种重要的有机化工原料和精细化工产品,用途十分广泛,是生产环氧树脂的主要原料,环氧树脂消费量约占环氧氯丙烷总消费量的 75％;环氧氯丙烷水解可制得合成甘油,环氧氯丙烷均聚或与环氧乙烷、环氧丙烷二聚、三聚可生成氯醇橡胶,环氧氯丙烷和醇在催化剂作用下进行缩合反应,然后再用氢氧化钠脱氯化氢可制得缩水甘油醚类产品;环氧氯丙烷还可以用于合成硝化甘油炸药、玻璃钢、电绝缘品、表面活性剂、医药、农药、涂料、胶料、离子交换树脂、染料、水处理剂、增塑剂等多种产品。此外,还可用作纤维素酯、纤维素醚、树脂、橡胶的溶剂。

六、安全提示

环氧氯丙烷：发生中毒时，有眼睛刺痛、结膜炎、鼻炎、流泪、咳嗽、疲倦、胃肠紊乱、恶心等症状。严重中毒时，可引起麻醉症状，甚至引起肺、肝、肾的损伤。大鼠经口 LD50 为 90 mg/kg，空气中最大容许浓度 18 mg/m³。生产设备要密闭，空气要流通，操作人员要配戴防护用具。此外，环氧氯丙烷有激烈的自聚趋向，不应在明火中加热，以防容器爆裂。危险品规程编号为 62008，属二级易燃液体。

七、实验前预习的问题

1. 画出主要反应装置图。
2. 列出反应物料比。

八、思考题

1. 环氧树脂合成的反应机理及影响合成的主要因素有哪些？
2. 什么叫环氧当量、环氧值？
3. 讨论环氧树脂的固化机理。
4. 从结构上分析环氧树脂为什么具有优异的黏结性能。

实验八　界面缩聚法制备尼龙-66

一、实验目的

掌握缩合聚合机理与界面缩合聚合过程，了解尼龙-66 的特点与用途。

二、实验原理

界面缩聚是将两种互相作用生成高聚物的单体分别溶于两种互不相溶的液体中（通常为水和有机溶剂），形成水相和有机相，当两相接触时，在界面附近迅速发生缩聚反应生成高聚物，界面聚合一般要求单体有很高的反应活性。实验室制备尼龙-66 一般采用己二胺和己二酰氯，其中酰氯在酸接受体的存在下与胺的活泼氢起作用，属于非平衡缩聚反应。己二胺水溶液与己二酰氯的四氯化碳溶液相混合，在水和四氯化碳的界面上很快生成聚合物的薄膜，可以用玻璃棒连续拉出。

己二胺与己二酰氯反应方程式如下：

$$n\text{H}_2\text{N}\mathord{\text{---}}(\text{CH}_2)_6\text{NH}_2 + n\text{Cl}\mathord{\text{---}}\underset{\text{O}}{\text{C}}\mathord{\text{---}}(\text{CH}_2)_4\text{C}\mathord{\text{---}}\text{Cl} \xrightarrow{\text{NaOH}} \underset{\text{O}}{\left[\text{HN}\mathord{\text{---}}(\text{CH}_2)_6\text{NH}\mathord{\text{---}}\text{C}\mathord{\text{---}}(\text{CH}_2)_4\text{C}\right]_n}$$

己二胺　　　　　己二酰氯　　　　　　　　　　尼龙-66

三、药品与仪器

己二酸,二氯亚砜,二甲基甲酰胺,己二胺,水,四氯化碳,氢氧化钠,盐酸。

圆底烧瓶,回流冷凝管,装有氯化钙的干燥管,油浴,蒸馏管,尾接管,氯化氢气体吸收装置。

四、实验步骤

1. 己二酰氯的合成

在回流冷凝管上方装带有氯化钙的干燥管,后接氯化氢吸收装置,然后装在圆底烧瓶上。在圆底烧瓶内加入己二酸 10 g 和二氯亚砜 20 mL,并加入两滴二甲基甲酰胺(生成大量气体),加热回流反应 2 h 左右,直到没有氯化氢放出。然后将回流装置改为蒸馏装置,在常压下将过剩的二氯亚砜蒸馏出,再真空减压蒸馏,收集己二酰氯组分。

2. 尼龙-66 的合成

在烧杯 A 中加入水 100 mL、己二胺 4.64 g 和氢氧化钠 3.2 g。在烧杯 B 中加入精制过的四氯化碳 100 mL 和合成的己二酰氯 3.66 g。然后将烧杯 A 中的水溶液沿玻璃棒缓慢倒入烧杯 B 中,可以看到在界面处形成一层半透明的薄膜,即尼龙-66。将产物用玻璃棒小心连续拉出,缠绕在玻璃棒上,直到反应结束。用 3% 的稀盐酸洗涤产品,再用去离子水洗涤至中性,真空干燥,最后计算产率。

五、注解

1. 己二酸

分子式 $HOOC(CH_2)_4COOH$,相对分子质量 146.14,白色单斜晶系晶体或粉末。密度 1.360 g/cm^3,熔点 152.0℃,沸点 337.5℃。微溶于水、环己烷,溶于丙酮、乙醇、乙醚,不溶于苯、石油醚。能升华。

2. 二氯亚砜

无色至淡黄色或淡红色的冒烟液体,有窒息气味,分子式 $SOCl_2$。相对密度 1.67,熔点 -104.5℃,沸点 78.8℃,蒸汽压 14.66 kPa(110 mmHg,26℃)。与苯、氯仿、四氯化碳混溶。有腐蚀性。遇水分解生成氯化氢及二氧化硫,加热至 140℃以上分解生成氯气、二氧化硫、二氯化二硫。

3. 己二酰氯

分子式 $ClOC(CH_2)_4COCl$,无色或淡黄色液体,沸点 126℃(1.60 kPa),相对密度 0.963,折射率 1.426 3,闪点 50.0℃。能与醚及苯混溶,在水及醇中分解。

4. 己二胺

具有氨味的无色片状结晶。相对密度(水=1)0.85,熔点 42.0℃,沸点 205.0℃。易溶于水,溶于乙醇、乙醚。自燃温度 307.0℃,爆炸极限 0.7%~6.3%。遇高热、明火或与氧化剂接触,有引起燃烧的危险。有腐蚀性,潮湿环境下,能腐蚀活泼金属如铝和锌。蒸汽比空气重,易在低处聚集。封闭区域内的蒸汽遇火能爆炸。

5. 四氯化碳

无色透明液体,相对密度(20℃/4℃)1.595,凝固点-22.9℃,沸点76.8℃,溶解度参数 $\delta=8.6$,能与乙醇、乙醚、苯、甲苯、氯仿、二硫化碳、石油醚等混溶,微溶于水。易挥发、不燃烧,性质稳定,但在碱性条件下水解生成二氧化碳和氯化氢。毒性极大,有较强的刺激性和麻醉性,空气中最高容许浓度25 mg/m³(或0.001%)。

6. 尼龙-66(nylon 66/PA 66)

半透明或不透明乳白色结晶聚合物,密度1.150 g/cm³,熔点252.0℃,脆化温度-30.0℃,热分解温度大于350℃,连续耐热80~120℃,平衡吸水率2.5%。能耐酸、碱、大多数无机盐水溶液、卤代烷、烃类、酯类、酮类等腐蚀,但易溶于苯酚、甲酸等极性溶剂。具有优良的耐磨性、自润滑性,机械强度较高。但吸水性较大,因而尺寸稳定性较差。广泛用于制造机械、汽车、化学与电气装置的零件,如齿轮、滑轮、辊轴、泵体中叶轮、风扇叶片、高压密封圈、阀座、垫片、衬套、各种把手、支撑架、电线包层等,亦可制成薄膜用作包装材料。此外,还可用于制作医疗器械、体育用品、日用品等。

可以用己二酸和二胺盐熔融缩聚的方法制备尼龙-66,与界面缩聚相比,在相同条件下更容易获得相对分子质量高的聚合物,而且二元酰氯单体成本高,需要使用和回收大量溶剂。但应该注意官能团的等物质的量反应。

六、安全提示

四氯化碳:可引起急性中毒,导致中枢神经系统和肝、肾损害为主的全身性疾病。短期内吸入高浓度四氯化碳可迅速出现昏迷、抽搐,可因心室颤动或呼吸中枢麻痹而猝死。口服中毒时,肝脏损害明显,因此注意防护。

己二胺:毒性较大,主要通过吸入、食入、经皮肤吸收侵入。其蒸汽对眼和上呼吸道有刺激作用,吸入高浓度时,可引起剧烈头痛。溅入眼内,可引起失明。当皮肤接触时,用大量流动清水彻底冲洗。误服者立即漱口,饮牛奶或蛋清。着火时可以用雾状水、泡沫、二氧化碳、砂土、干粉灭火。

七、实验前预习的问题

1. 画出该实验简易装置图,列出主要反应物的投料比、反应时间及反应温度。
2. 简单画出该实验流程图。

八、思考题

1. 比较界面缩聚与其他缩聚方法的异同。
2. 影响聚合物相对分子质量的因素有哪些?
3. 如何测定聚合反应的反应程度和相对分子质量大小?
4. 界面缩聚能否用于聚酯的合成? 为什么?

实验九　聚对苯二甲酸乙二醇酯(涤纶)的本体缩聚制备

一、实验目的

了解本体缩聚的原理与聚合过程,了解涤纶的特点与用途。

二、实验原理

缩聚反应过程是通过一定的方法实现的,目前工业上广泛采用的有熔融缩聚、溶液缩聚和界面缩聚等方法,近年来乳液缩聚和固相缩聚也在不断发展和应用。与本体聚合相似,在反应中不加溶剂,使反应温度在原料单体和缩聚产物熔化温度以上(一般高于熔点10～25℃)进行的缩聚反应叫熔融缩聚,熔融缩聚法的特点是反应温度高(一般在200℃以上)。温度高有利于提高反应速率和排除低分子副产物,一般用于室温下反应速率很小的可逆缩聚反应,偶尔也用于反应速率不太大的不可逆缩聚,例如熔融缩聚法制聚砜的反应。熔融缩聚生产工艺较简单,由于不需要溶剂,减少了污染,有利于降低成本。

工业上制造涤纶的方法主要如下:

(1) 直接酯化法

$$HO-C(-O)-C_6H_4-C(-O)-OH + 2HO-CH_2-CH_2-OH \rightleftharpoons$$

$$HO-CH_2-CH_2-O-C(-O)-C_6H_4-C(-O)-O-CH_2-CH_2-OH + 2H_2O$$

$$n\ HO-CH_2-CH_2-O-C(-O)-C_6H_4-C(-O)-O-CH_2-CH_2-OH \rightleftharpoons$$

$$H+O-CH_2-CH_2-O-C(-O)-C_6H_4-C(-O)+_n OH + (n-1)H_2O$$

通常将(1:1.3)～(1:1.8)(物质的量之比)的对苯二甲酸(PTA)与乙二醇配成浆状物,加入酯化反应器中,在催化剂存在下,加压或常压下,于220～240℃直接酯化,生成对苯二甲酸双乙酯(BHET),再在高温、高真空条件下缩聚。

(2) 酯交换法

$$H_3C-O-C(-O)-C_6H_4-C(-O)-O-CH_3 + 2HO-CH_2-CH_2-OH \rightleftharpoons$$

$$HO-CH_2-CH_2-O-C(-O)-C_6H_4-C(-O)-O-CH_2-CH_2-OH + 2H_3C-OH$$

$$n \; HO-CH_2-CH_2-O-\overset{O}{\underset{\parallel}{C}}-\!\!\!\left\langle \!\!\!\bigcirc\!\!\! \right\rangle\!\!\!-\overset{O}{\underset{\parallel}{C}}-O-CH_2-CH_2-OH \rightleftharpoons$$

$$H\!\!\left(\!O-CH_2-CH_2-O-\overset{O}{\underset{\parallel}{C}}-\!\!\!\left\langle \!\!\!\bigcirc\!\!\! \right\rangle\!\!\!-\overset{O}{\underset{\parallel}{C}}-O-CH_2-CH_2\!\right)_{\!\!n}\!\!OH + (n-1)H_2O$$

将 1:2.5(物质的量之比)的对苯二甲酸二甲酯(DMT)和乙二醇加入酯交换反应器,在锌、锰、钴等乙酸盐或者与 Sb_2O_3 混合催化剂存在下,于 160～190℃进行酯交换反应,当馏出的甲醇量为理论量的 85%～90%时,可认为酯交换反应完毕。酯交换产物再进行缩聚反应,得到聚对苯二甲酸乙二醇酯。

(3) 环氧乙烷法

先由 PTA 和环氧乙烷反应得到 BHET,再缩聚得到聚合物。通常该方法中,环氧乙烷需过量较多,反应温度为 100～130℃,反应压力为 1.96～2.94 MPa,使用的催化剂通常为脂肪胺或季铵盐。

本实验采用酯交换法。

三、药品与实验仪器

对苯二甲酸二甲酯(DMT),乙二醇(新蒸),$Zn(Ac)_2$,Sb_2O_3。

酯交换反应装置(由磨口三通塞、磨口反应管、分馏器、乙二醇液封等组成),真空系统,小型简易纺丝机。

四、实验步骤

1. 酯交换反应

装好酯交换反应装置,检查系统是否漏气,要求系统余压不超过 4 mmHg* 才可投料。依次将 DMT、$Zn(Ac)_2$、Sb_2O_3 加入反应管内,再用移液管把乙二醇沿搅拌棒加入反应管,装好仪器后抽真空、通氮气,重复操作 3 次,以排除体系中的空气。除氧操作完成后,将三通活塞接通乙二醇液封并保持通氮气。整个反应过程在氮气保护下进行,氮气流速控制在约 2～3 个气泡/秒(由乙二醇液封观察),当温度高于 100℃时减小流速,以免将升华的 DMT 带出反应系统。冷凝管通水后,开始加热,当反应系统内温度达到约 140℃时,保温套温度保持在 (164±2)℃,此时反应物开始熔化,可开动搅拌,并逐步提高搅拌速度,迅速升温至 165～170℃,当冷凝管口有液体滴出时,表明酯交换反应开始,继续提高温度至 190～194℃(酯交换反应的温度应严格控制,不要超过 195℃),保持在此温度下反应至数分钟内无液体滴出,表明酯交换反应结束,酯交换反应时间约为 1.5 h。记下蒸出甲醇体积,取出分馏管,倾去甲醇后重新装上。

2. 缩聚反应

将酯交换反应装置中冷凝管上口接真空系统。反应温度升至 240℃,保温套温度升至 (290±5)℃,此时又有液体蒸出,待液体蒸出速度减慢后,将反应温度逐步提高至 270～275℃(反应温度不要超过 280℃,以免聚合产物发生脱羧、裂解等副反应),停止通氮,

---

* 1 mmHg≈133.322 Pa,但在一些高分子科学实验中,仪器刻度的标注单位仍为 mmHg,故本书仍使用 mmHg 单位。下不另注。

先在低真空下进行反应,随着液体蒸出速度的减慢,逐步提高真空度,直至高真空(余压小于 4 mmHg),高真空反应至数分钟内没有液体蒸出时为止。缩聚反应的时间约为 1.5 h,记下蒸出液体的体积,停止搅拌 10 min,准备抽丝。

3. 抽丝(纺丝)

停止抽真空,通氮气保持系统正压,反应管温度维持在 270~280℃(270~280℃为实验正常时的抽丝温度,若相对分子质量偏低,可适当降低温度;反之,可适当升高温度,以保证抽丝顺利进行)。数分钟后,将反应管底部的尖端夹断,若无熔体流出,可用酒精灯适当加热反应管尖端,待熔体流出成丝后,将丝引至转动着的抽丝卷筒上进行抽丝。

五、注解

1. 对苯二甲酸二甲酯

无色斜方晶系晶体,熔点 140.6℃,液体相对密度 1.084(150℃/4℃),沸点 283.0℃,加热至 230℃即升华,黏度(150℃)0.965 mPa·s。不溶于水,溶于乙醚和热乙醇。毒性很低,无皮肤刺激作用。

2. 乙二醇

无色透明黏稠液体,味甜,具有吸湿性,易燃。相对密度 1.108(20℃/4℃),沸点 198.0℃,凝固点 −11.5℃,黏度(20℃)21 mPa·s。与水、低级脂肪族醇、甘油、醋酸、丙酮及类似酮类、醛类、吡啶及类似的煤焦油碱类混溶,微溶于乙醚,几乎不溶于苯及其同系物、氯代烃、石油醚和油类。低毒。

3. 聚对苯二甲酸乙二醇酯

又名特丽纶,学名聚对苯二甲酸乙二醇酯纤维,聚酯纤维的主要品种。密度 1.380 g/cm³,熔点约 258℃。具有高的压缩弹性、抗皱性、耐热性、耐光性、化学稳定性、回弹性、绝缘性和极小的吸湿性(0.4%)。耐光性仅次于聚丙烯腈纤维,化学稳定性则高于聚酰胺纤维,缺点为染色性差。长丝的强度是 0.40~0.48 N/tex,伸长率 15%~25%;短纤维的强度是 0.30~0.35 N/tex,伸长率 30%~40%。用于纯纺或混纺,以制快干免烫织物(如的确良等)、轮胎帘子布、电绝缘材料、传动带、绳索、滤布和人造血管等。高收缩性的长丝可与真丝媲美。

六、安全提示

1. 抽真空、通氮气操作中注意安全。
2. 抽丝卷筒上进行抽丝注意安全。

七、实验前预习的问题

1. 画出该实验简易装置图,列出主要反应物的投料比、反应时间及反应温度。
2. 简单画出该实验流程图。

八、思考与讨论

1. 为什么熔融聚合不是反应一开始就在真空条件下进行,而是逐步由常压到低真空再到高真空?
2. 聚酯缩聚时为何必须要有足够高的真空度?

实验十 苯乙烯与马来酸酐的交替共聚合

一、实验目的

了解共聚反应机理,掌握共聚过程的特点。

二、实验原理

共聚指的是将两种或多种单体在一定的条件下聚合形成一种高分子的反应。根据单体种类的多少分二元、三元共聚等,根据聚合物分子结构的不同可分为无规共聚、嵌段共聚、交替共聚、接枝共聚。典型的共聚物有 SBS、ABS 等。

发生共聚反应的两单体极性相差愈大,愈容易形成电荷转移络合物,因此,就容易发生交替共聚反应。苯乙烯带有强的供电子取代基,Q、e 值分别为 1.0、-0.8;马来酸酐带有强的吸电子取代基,Q、e 值分别为 0.23、2.25,通常不易单独进行聚合反应,但其易与苯乙烯之间发生共聚产生交替共聚物。其反应机理主要是由于电荷转移的相互作用,使得自由基与单体间容易形成过渡状态的络合物,目前有"过渡态极性效益理论"和"电子转移复合物均聚理论"两种理论解释。"过渡态极性效益理论"认为,在反应过程中,单体和链自由基加成后,形成含共振体的稳定过渡态。"电子转移复合物均聚理论"则认为,首先是不同极性的单体形成电子转移复合物,该复合物再进行均聚反应得到交替共聚物。本实验选用甲苯做溶剂,采用沉淀聚合的方法合成交替共聚物。

三、化学药品与仪器

甲苯,苯乙烯,马来酸酐,AIBN。
四颈烧瓶,回流冷凝管,电动搅拌器,恒温浴,抽滤装置。

四、实验步骤

在装有冷凝管、温度计与搅拌器的四颈烧瓶中分别加入 75 mL 甲苯,2.9 mL 新蒸苯乙烯,2.5g 马来酸酐及 0.005 g AIBN。将反应混合物搅拌均匀溶解成透明溶液后,再加热升温至 85~90℃,搅拌反应 1 h 后停止,然后冷却至室温,抽滤,再真空干燥,控制温度在 60℃。称量并计算产率。

五、注解

1. 马来酸酐

分子式 ,有强烈刺激气味的无色结晶粉末,密度 1.48 g/cm³,熔点 52.8℃,

沸点202.0℃。溶于乙醇、乙醚和丙酮,难溶于石油醚和四氯化碳。与热水作用生成顺丁烯二酸。有毒。

2. 产物

苯乙烯与马来酸酐共聚物,简称 SMAn 树脂。SMAn 树脂具有耐热性及优良的机械性能,但耐冲击性较差,为改善 SMAn 树脂的耐冲击性能,可加入橡胶。若将苯乙烯及顺丁烯二酸酐共聚物皂化、磺化、半酯化或以胺类中和,可合成水溶性树脂,用于颜料分散剂、皮革处理剂、印刷油墨、黏合剂、乳化剂、润滑剂及上浆剂等方面。

还可以采用溶液聚合方法合成交替共聚物,以 BPO 作为引发剂,乙酸乙酯做溶剂,聚合完成后加入乙醇使产物析出。

3. 聚合过程

在未升温的情况下充分搅拌,固体要完全溶解。反应温度过低,反应速度慢,产量将下降。反应温度过高,则会产生副反应,也会降低产量。所以,温度保持在 85~90℃之间。

六、安全提示

顺丁烯二酸酐:有毒,其蒸汽和粉尘刺激眼膜和呼吸器官。眼和皮肤直接接触有明显刺激作用,并引起灼伤。空气中浓度超标时,应该佩带防毒口罩,戴安全防护眼镜,穿工作服,戴橡皮手套。

七、实验前预习的问题

1. 画出该实验简易装置图,列出主要反应物的投料比、反应时间及反应温度。
2. 简单画出该实验流程图。

八、思考题

1. 试推断以下单体进行自由基共聚合时,何者容易得到交替共聚物?为什么?
(1) 丙烯酰胺/丙烯腈;(2) 乙烯/丙烯酸甲酯;(3) 三氟氯乙烯/乙基乙烯基醚。
2. 引发剂用量对反应及产物有何影响?
3. 比较沉淀聚合和溶液聚合的优缺点。

实验十一　甲基丙烯酸甲酯原子转移自由基聚合

一、实验目的

理解原子转移自由基聚合的机理,掌握原子转移自由基聚合的操作方法。

二、实验原理

原子转移自由基聚合以有机卤化物为引发剂,利用过渡金属配合物作为卤原子载体,通过氧化还原反应使卤原子在金属复合物与链增长自由基之间可逆转移,在活性种(M_n·)与休眠种(M_nX)之间建立可逆动态平衡,结果使链增长自由基浓度降低,抑制了自由基聚合中最易发生的双基终止反应,从而实现对聚合反应的控制。

在功能高分子材料的制备过程中,分子设计是一个十分关键的步骤。原子转移自由基聚合实现了聚合过程和相对分子质量的可控。原子转移自由基聚合(ATRP)是迅速发展并有着重要应用价值的一种活性聚合技术,它可以通过分子设计制得多种具有不同拓扑结构(线型,梳状,星型,树枝状大分子等)、不同组成和不同功能化的结构确定的聚合物及有机/无机杂化材料。

三、药品与仪器

α-氯代乙苯,2,2′-联吡啶,CuCl,甲基丙烯酸甲酯。
磨口三通活塞,磨口反应管,恒温油浴,注射器。

四、实验步骤

1. 试剂处理

用10%氢氧化钠水溶液将甲基丙烯酸甲酯洗涤后,水洗至中性,加 $CaCl_2$ 干燥,再加入 CaH_2 减压蒸馏两次,用高纯 N_2 鼓泡除 O_2。α-氯代乙苯在 CaH_2 存在下减压蒸馏。2,2′-联吡啶(bpy)用丙酮重结晶后真空干燥。CuCl 用乙酸洗涤后再用丙酮反复洗涤 3 次,真空干燥,避光保存。

2. 聚合过程

在 N_2 气流下,用电吹风加热套有三通活塞的反应管 5 min,打开三通活塞,将 17.3 mg (0.175 mmol)CuCl,81.8 mg(0.525 mmol)联吡啶,24.6 mg(0.175 mmol)α-氯代乙苯,2 mL (17.5 mmol)甲基丙烯酸甲酯快速加入反应管。用绳子将三通塞与反应试管固定(防止聚合时三通塞脱落),液氮冷却下真空脱气、融化、通 N_2 循环两次。置于恒温油浴(80℃)中进行聚合。2 h 后,取出反应管,冷却后,用 5 mL 的 THF 稀释,离心除去固体金属催化剂,清液倒入 50 mL 甲醇中沉淀,过滤,真空干燥,计算单体转化率。

3. 产物表征

用 GPC 测定产物相对分子质量及相对分子质量分布(THF 做流动相,单分散性聚甲基丙烯酸甲酯作标样,样品配制浓度约为 50 mg/4 mL THF)。

五、注解

1. 2,2′-联吡啶

白色至浅红色结晶性粉末。熔点 69.5℃,沸点 272.5℃,易溶于乙醇、乙醚、苯、氯仿和石油醚。1 份本物质约溶于 200 份水。

2. CuCl

白色立方晶体或白色粉末。熔点 430℃,沸点 1 490℃,密度 4.14 g/cm³。水溶性 0.06 g/L(25℃)。溶于乙醚、盐酸、氨水,微溶于水,不溶于乙醇、丙酮。在干燥空气中稳定,受潮则易变蓝到棕色,熔融时呈铁灰色。露置空气中迅速氧化成碱式盐,呈绿色。遇光变成褐色。在热水中迅速水解生成氧化铜水合物而呈红色。

3. 活性聚合

不存在链转移和链终止的聚合称为活性聚合。为了保证所有的活性中心同步进行链增长反应而获得窄相对分子质量分布的聚合物,活性聚合一般还要求链引发速率大于链增长速率。典型的活性聚合具备以下特征:(a) 聚合产物的数均相对分子质量与单体转化率呈线性增长关系;(b) 当单体转化率达 100% 后,向聚合体系中加入新单体,聚合反应继续进行,数均相对分子质量进一步增加,并仍与单体转化率成正比;(c) 聚合产物相对分子质量具有单分散性;(d) 聚合产物的数均聚合度应等于每个活性中心上加成的单体数,即消耗掉的单体浓度与活性中心浓度之比。

目前,阴离子活性聚合、阳离子可控聚合、基团转移聚合、原子转移自由基聚合、活性开环聚合、活性开环歧化聚合等一大批"活性/可控聚合"反应已被开发出来,为制备功能高分子提供了极好的条件。

六、安全提示

CuCl:无机有毒品,对皮肤有强刺激性,粉尘使皮肤发痒起泡,刺激眼睛流泪。

七、实验前预习的问题

1. 根据实验,列出主要反应物的投料比。
2. 确定聚合装置及主要仪器,画出聚合装置简图。

八、思考题

1. 试剂处理过程中 CuCl 要用乙酸、丙酮反复洗涤,原因是什么?
2. 本实验用的聚合方法有哪些优点和不足?

实验十二　淀粉接枝聚丙烯腈的制备及其水解

一、实验目的

掌握接枝共聚合的特点,了解吸水性树脂的应用。

二、实验原理

吸水性树脂原料来源相当丰富,发展很快,种类也日益增多。由于吸水性树脂在分子结构上带有的亲水基团,或在化学结构上具有的低交联度或部分结晶结构不尽相同,由此在赋予其高吸水性能的同时也形成了一些各自的特点。吸水性树脂分为以下几种类型。淀粉系:包括接枝淀粉、羧甲基化淀粉、磷酸酯化淀粉、淀粉黄原酸盐等;纤维素系:包括接枝纤维素、羧甲基化纤维素、羟丙基化纤维素、黄原酸化纤维素等;合成聚合物系:包括聚丙烯酸盐类、聚乙烯醇类、聚氧化烷烃类、无机聚合物类等;蛋白质系列:包括大豆蛋白类、丝蛋白类、谷蛋白类等;其他天然物及其衍生物系:包括果胶、藻酸、壳聚糖、肝素等;共混物及复合物系：包括吸水性树脂的共混、吸水性树脂与无机物凝胶的复合物、吸水性树脂与有机物的复合物等。吸水性树脂可在植物根部形成"微型水库"，还能吸收肥料、农药，并缓慢地释放出来以增加肥效和药效，因此，广泛用于农林业生产、城市园林绿化、抗旱保水、防沙治沙。此外，吸水性树脂还可应用于医疗卫生、石油开采、建筑材料、交通运输等许多领域。

淀粉接枝聚丙烯腈本身没有高吸水性，将聚丙烯腈接枝链的氰基转变成亲水性更好的酰氨基和羧基后，淀粉接枝共聚物的吸水性会显著提高。制备过程中盐分的残留将影响吸水率，吸水性树脂的吸水率与水分的含盐量成反比。

淀粉接枝共聚合主要采用自由基引发接枝的方法，本实验采用铈离子体系引发丙烯腈进行接枝共聚。Ce^{4+}盐溶于稀硝酸中，与淀粉形成络合物，并与葡萄糖单元反应生成自由基，引发丙烯腈聚合生成淀粉接枝聚合物，自身还原成 Ce^{3+}，然后使氰基水解，形成高吸水性树脂。反应方程式如下：

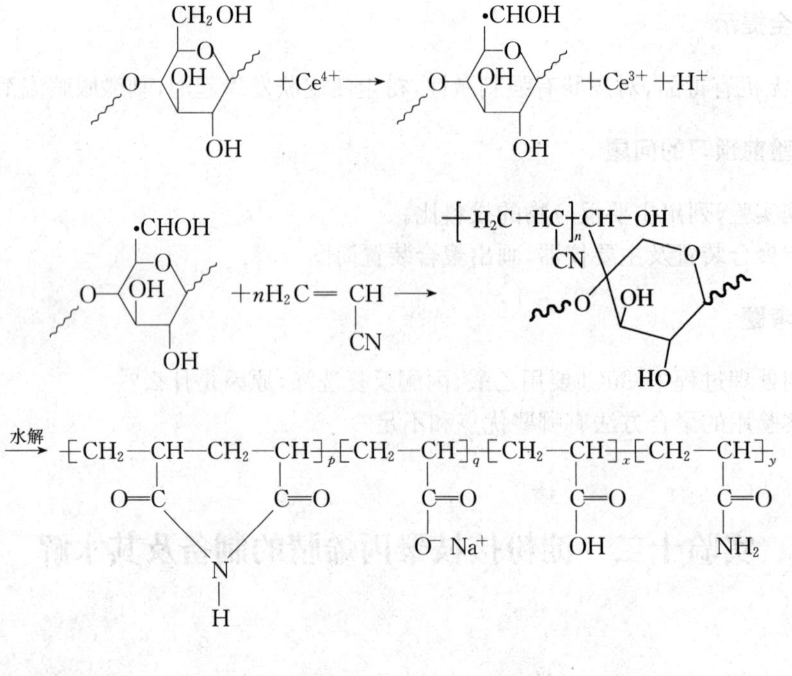

三、药品与仪器

淀粉，硝酸高铈铵，丙烯腈，二甲基甲酰胺，8%NaOH 溶液，pH 试纸，乙醇。
机械搅拌器，回流冷凝管，250 mL 三颈反应瓶，脂肪抽提器，中速离心机，研钵。

四、实验步骤

淀粉的熟化：在装有机械搅拌器、回流冷凝管和氮气导管的 250 mL 三颈反应瓶中，加入淀粉 5 g 和蒸馏水 80 mL。通氮气 5 min 后，开始加热升温，同时开动搅拌器，在 90℃下继续搅拌 1 h 使淀粉熟化，熟化的淀粉溶液呈透明黏稠糊状。

淀粉的接枝：将上述熟化淀粉溶液冷却至室温，加入 2.1 mL 0.1 mol/L 硝酸高铈铵溶液，在通氮气情况下搅拌 10 min，然后加入 9.4 mL（7.5 g）新蒸的丙烯腈，升温至 35℃反应3 h，得到乳白色悬浊液。将其倒入盛有 800 mL 蒸馏水的烧杯中，静置，倾去上层乳液，过滤,蒸馏水洗涤沉淀物至滤液呈中性,真空干燥,称重。将上述沉淀物置于脂肪抽提器中,用 100 mL 二甲基甲酰胺(DMF)抽提 5～7 h,除去均聚物。取出 DMF 不溶物,再用水洗涤以除去残留的 DMF,于 70℃和真空下干燥,称重,计算接枝效率。

淀粉接枝聚丙烯腈的水解:在装有机械搅拌器和回流冷凝管的 250 mL 三颈反应瓶中,加入经干燥研细的淀粉接枝聚丙烯腈 4.2 g 和 8%(重量)NaOH 溶液 166 mL。开动搅拌并升温至 95℃,溶液呈橘红色(约 5 min),表明生成了亚胺。20 min 后,溶液黏度增加,颜色逐渐变浅,红色消失。用 pH 试纸检测回流冷凝管上方的气体,显示有氨气放出。反应 2 h,溶液为淡黄色透明胶体。将产物置于冰盐水中,在不断搅拌的条件下缓慢滴加浓盐酸至 pH 为 3～4。用中速离心机分出上层清液,沉淀物用乙醇/水(1/1,V/V)混合溶剂洗涤至中性,最后用无水乙醇洗涤。真空干燥至恒重,得到吸水性树脂。

吸水率的测定:取 2 g 吸水性树脂置于 500 mL 烧杯,加 400 mL 蒸馏水,于室温下放置 24 h。倾去可流动的水分,并计量其体积,可大致估计吸水性树脂的吸水率。

五、注解

1. 丙烯腈

分子式 $H_2C=CHCN$,无色易燃液体,熔点 $-83.5℃$,沸点 $77.5～79.0℃$。剧毒,有刺激性气味,微溶于水,易溶于一般有机溶剂。在空气中爆炸极限为 $3.1\%～17\%$(体积百分比)。空气中的容许浓度为 $20\ mg/m^3$。

2. 硝酸高铈铵

无色液体,有微弱的特殊臭味。熔点 $-61.0℃$,沸点 $152.8℃$,相对密度(水=1)0.94,相对蒸汽密度(空气=1)2.5。与水混溶,可混溶于多数有机溶剂。空气中的爆炸极限为 $2.2\%～15.2\%$(体积百分比)。

3. 实验过程

0.1 mol/L 硝酸高铈铵溶液配制:13.9 g 硝酸高铈铵溶于 250 mL 的 1 mol/L 硝酸溶液中。制备过程中过滤较为困难,可采用静置和倾去上层清液的方法,但这种方法损失大。

丙烯腈及其均聚物都溶于 DMF 中,在某些情况下,可用 DMF 浸泡洗涤 2～3 次,无需进行抽提。

4. 接枝方法

除了铈离子引发体系外,接枝方式还有:(1) Fenton's 试剂引发:由 Fe^{2+} 和 H_2O_2 组成的溶液,两者间发生氧化还原反应生成羟基自由基,进一步与淀粉中葡萄糖单元的羟基反应生成大分子自由基。(2) 辐射法:紫外线和 γ 射线可使淀粉中葡萄糖单元的羟基反应生成大分子自由基。使用盐作为引发剂,单体的接枝效率较高。

六、安全提示

丙烯腈:剧毒液体,不仅蒸汽有毒,而且经皮肤吸入也能中毒。有氧存在下,遇光和热能自行聚合。易燃,遇火种、高温和氧化剂有燃烧爆炸的危险,其蒸汽与空气形成爆炸性混合物。

硝酸高铈铵:有毒液体,不要吸入其蒸汽,不要触及皮肤。

硝酸:腐蚀性液体,不要触及皮肤。

1. 反应介质及催化剂是什么？反应温度与反应时间为多少？列出主要反应物的投料比。
2. 画出实验的主要流程图。

八、思考题

1. 铈盐引发的接枝聚合反应有何特点？
2. 淀粉接枝聚丙烯腈的水解产物为什么具有高吸水性？
3. 如何准确测定吸水性树脂的吸水率？

实验十三　聚乙烯醇的制备

一、实验目的

掌握高分子化学反应的特点，了解产物的应用。

二、实验原理

聚乙烯醇（PVA）是不能直接通过其单体聚合而制备的。这是由于游离的乙烯醇很不稳定，容易异构转化变成乙醛或环氧乙烷。工业上应用的聚乙烯醇是通过高分子化学反应由聚醋酸乙烯酯（PVAc）醇解而得到的，醇解反应可以在酸性或碱性介质中进行。本实验采用以甲醇为溶剂，NaOH 为催化剂进行的醇解反应。为了使实验能适合教学需要，醇解条件比工业上采用的条件缓和。

PVAc 在碱性介质中的醇解反应为：

$$\underset{\substack{|\\ O\\ |\\ C-CH_3\\ \|\\ O}}{\underset{|}{\{H_2C-HC\}_n}} + nCH_3-OH \longrightarrow \underset{\substack{|\\ OH}}{\{H_2C-HC\}_n} + nCH_3-\underset{\|}{\overset{O}{C}}-O-CH_3 \tag{1}$$

$$CH_3-\overset{O}{\underset{\|}{C}}-O-CH_3 + NaOH \longrightarrow CH_3-\overset{O}{\underset{\|}{C}}-O^-Na^+ + CH_3-OH \tag{2}$$

$$\underset{\substack{|\\ O\\ |\\ C-CH_3\\ \|\\ O}}{\underset{|}{\{H_2C-HC\}_n}} + nNaOH \longrightarrow \underset{\substack{|\\ OH}}{\{H_2C-HC\}_n} + n\,CH_3-\overset{O}{\underset{\|}{C}}-O^-\,Na^+ \tag{3}$$

其中(1)为主反应,在主反应中NaOH仅起催化剂作用。(2)、(3)两副反应的速度随反应体系中含水量的增加而增大,副反应速度增大,消耗大量的NaOH,从而降低了对主反应的催化作用,使醇解反应进行不完全。因此,为了尽量避免这种副反应,对物料中的含水量应有严格的要求,一般控制在5%以下。

聚醋酸乙烯酯脱醋酸的反应速度与聚醋酸乙烯酯的聚合度几乎无关,只随反应的进行而变化。在PVAc醇解反应中,由于生成的PVA不溶于甲醇,所以呈絮状物析出。一般用作纤维的PVA,残留醋酸根含量控制在≤0.2%(醇解度为99.8%);用作表面活性剂的PVA,残留醋酸根含量控制在20%(醇解度为80%)左右。

三、药品和仪器

聚醋酸乙烯酯(自制),甲醇,氢氧化钠。

三口烧瓶,球形冷凝管,搅拌器,小烧杯,量筒,滴管,玻璃棒,温度计,水浴。

四、操作步骤

移取自制PVAc树脂3 g放入装有冷凝管、搅拌器,盛有30 mL甲醇的三口烧瓶中,开动搅拌,加热,温度控制在40℃,待树脂全部溶解后,冷却至35℃,用滴管逐滴加入2 mL事先配好的NaOH-CH$_3$OH溶液(称取0.08 g NaOH于小烧杯中,加入5 mL CH$_3$OH,使之完全溶解而配成)。滴加完毕,加速搅拌,注意观察,当体系出现冻胶时,急剧搅拌半小时,当冻胶打碎后,再加入余下的NaOH-CH$_3$OH溶液。水浴温度控制在35℃,继续反应1~1.5 h,即可结束。

五、注解

1. 溶解PVAc时,要先加甲醇,在搅拌下慢慢将PVAc碎片加入,不然会黏成团,影响溶解。

2. 搅拌的好坏是本实验成败关键,PVA和PVAc的性质不同,PVA不溶于CH$_3$OH中,随醇解反应的进行,PVAc大分子上的乙酰基逐渐被羟基所取代,当达到一定醇解度(60%)时,体系由均相转为非均相,外观也发生突变,出现一团胶冻,此时必须强烈搅拌把胶冻打碎,才能使醇解反应进行完全,否则胶冻内包住的PVAc并未醇解完全,使实验失败,所以搅拌要安装牢固。在实验中要注意观察现象,当胶冻出现后,要及时提高搅拌转速。

六、实验前预习的问题

1. 列出主要反应物的投料比、反应介质及催化剂。

2. 画出实验的主要流程图。

七、思考题

1. 影响PVAc醇解的因素是什么?实验中要控制哪些条件才能获得较高醇解度的聚乙烯醇?

2. 为什么会出现胶冻现象?对醇解有什么影响?

3. PVAc中的水分及未反应的单体对醇解有何影响?

第二章　高分子结构与性能测试实验

实验一　黏度法测定聚乙烯醇的相对分子质量

一、实验目的

学习黏度法测定聚合物相对分子质量的原理和方法,掌握冲稀式乌氏黏度计的使用方法;利用黏度法测定聚乙烯醇的平均相对分子质量。

二、实验原理

1. 黏度的概念

黏度的本质是指液体对流动所表现的阻力,可作为液体流动时内摩擦力大小的一种量度。对高聚物稀溶液来讲,其黏度(η)是溶剂分子之间的内摩擦、高聚物分子与溶剂分子之间的内摩擦以及高聚物分子之间内摩擦的总和。其中溶剂分子之间的内摩擦表现出来的黏度为纯溶剂黏度,用 η_0 表示。在相同的温度下,通常 $\eta > \eta_0$,在稀溶液中,其比值称为相对黏度:

$$\eta_r = \frac{\eta}{\eta_0} \tag{1}$$

增比黏度 η_{sp} 反映了扣除溶剂分子的内摩擦以后,高聚物分子之间以及溶剂分子和高聚物分子间的内摩擦所表现出来的黏度。增比黏度用溶液黏度比纯溶剂黏度增加的倍数来表示:

$$\eta_{sp} = \eta_r - 1 \tag{2}$$

高聚物溶液的增比黏度 η_{sp} 往往随溶液浓度的增加而增加。将单位浓度下所显示的增比黏度 $\frac{\eta_{sp}}{c}$ 称为比浓黏度,其量纲是浓度的倒数;将 $\frac{\ln \eta_r}{c}$ 称为比浓对数黏度,其量纲也是浓度的倒数。聚合物溶液的比浓黏度和比浓对数黏度与浓度的关系分别符合 Huggins 和 Kramer 发现的下列经验关系式:

$$\frac{\eta_{sp}}{c} = [\eta] + k[\eta]^2 c \tag{3}$$

$$\frac{\ln \eta_r}{c} = [\eta] + \beta[\eta]^2 c \tag{4}$$

式中：c 为溶液的浓度；k 和 β 分别称为 Huggins 和 Kramer 常数。

根据上述二式，以 $\frac{\eta_{sp}}{c} \sim c$ 或 $\frac{\ln \eta_r}{c} \sim c$ 作图可得两条直线，对同一高聚物，外推至 $c=0$ 时，两条直线相交于一点，所得截距为 $[\eta]$，$[\eta]$ 称为特性黏度，如图 2-1 所示。显然，特性黏度可定义为

$$[\eta] = \lim_{c \to 0} \frac{\eta_{sp}}{c} = \lim_{c \to 0} \frac{\ln \eta_r}{c} \tag{5}$$

特性黏度表示单位质量聚合物在溶液中所占流体力学体积的大小，其值与浓度无关，其量纲是浓度的倒数，又称为特性黏数。

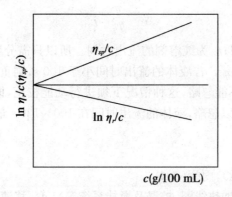

图 2-1　外推法求特性黏度的示意图

2. 特性黏度与聚合物相对分子质量之间的关系

当聚合物的种类及分子形状、溶剂和温度确定以后，聚合物的特性黏度只与聚合物的相对分子质量有关，它们之间的关系可用 Mark-Houwink 方程来表示：

$$[\eta] = K \overline{M_\eta}^\alpha \tag{6}$$

式中：$\overline{M_\eta}$ 是黏均相对分子质量；K 和 α 在一定的相对分子质量范围内与分子的大小无关，是与温度、聚合物、溶剂的性质有关的常数。对于绝大部分聚合物来说，α 一般介于 $0.5 \sim 1.0$ 之间。K 和 α 的数值只能通过其他绝对的相对分子质量测定方法（如渗透压法、光散射法等）确定后才可使用，常见聚合物的 K 和 α 数值可查阅聚合物手册。因此，一般情况下，只要测得一定温度和溶剂体系下聚合物的特性黏度即可通过 Mark-Houwink 方程式求得该聚合物的 $\overline{M_\eta}$。也就是说，通过黏度法来测定聚合物相对分子质量的方法是一种间接测定相对分子质量的方法。

3. 毛细管黏度计测定聚合物稀溶液黏度

当液体在重力作用下流经黏度计中的毛细管时，遵守泊塞勒（Poiseuille）定律：

$$\eta = \rho\left(\frac{\pi h g r^4 t}{8lV} - m\frac{V}{8\pi lt}\right) \tag{7}$$

式中：η 是液体黏度；ρ 是液体密度；l 是毛细管的长度；r 是毛细管半径；g 是重力加速度；t 是流出时间；h 是流经毛细管的液体平均液柱高度；V 是流经毛细管的液体体积；m 是动能校正系数，当 $\frac{r}{l} \ll 1$ 时，可取 $m=1$。

对于指定的某一黏度计，令 $A = \frac{\pi h g r^4}{8lV}$，$B = \frac{mV}{8\pi l}$（$A$ 和 B 通常称为仪器常数），则上式可写成：

$$\eta = \rho\left(At - \frac{B}{t}\right) \tag{8}$$

式中：$B < 1$。当 $t > 100$ s 时，式(8)右边第二项可以忽略。又因为通常测定是在稀溶液中进行，溶液与溶剂的密度近似相等，则有

$$\eta_r = \frac{\eta}{\eta_0} = \frac{t}{t_0} \tag{9}$$

式中：t 为溶液的流出时间；t_0 为纯溶剂的流出时间。所以只需分别测定溶液和溶剂在毛细管中的流出时间就可得到 η_r。若液体的流出时间小于 100 s，则重力作用产生的动能较大，会使得(8)中右边第二项不能忽略，这种情况下须进行动能校正，即通过选择适当的 r、l、v、h，使得 B/t 的数值小到可以忽略，液体的流出时间在 $100 \sim 130$ s 最为适宜。

三、药品和仪器

聚乙烯醇，正丁醇(AR)，丙酮(AR)。

恒温槽(包括玻璃缸、加热线圈、控温及搅拌系统等)1 套，移液管(5 mL、10 mL)各 1 支，冲稀式乌氏黏度计 1 支，乳胶管 2 根，锥形瓶(50 mL)1 只，秒表 1 个，容量瓶(25 mL)1 个，针筒 1 个，胶头滴管 1 支，烧杯(50 mL)1 个，3 号砂芯漏斗 1 只，电吹风 1 个。

四、实验步骤

1. 溶液配制

准确称取聚乙烯醇 0.125 g，于锥形瓶中加入 15 mL 蒸馏水并加热至 $80 \sim 85$℃使其溶解，待得到完全澄清的溶液后冷至室温，移至 25 mL 容量瓶中，滴加 2 滴正丁醇，在 25℃恒温下，加蒸馏水稀释至刻度，并摇匀。最后用预先洗净并烘干的 3 号砂芯漏斗过滤溶液。

2. 乌氏黏度计的洗涤

黏度测定采用冲稀式乌氏黏度计，如图 2-2 所示。先将经砂芯漏斗过滤的洗液倒入黏度计内进行洗涤，再用自来水、蒸馏水冲洗。对经常使用的黏度计需用蒸馏水浸泡，除去黏度计中残余的聚合物。黏度计的毛细管要反复用水冲洗。最后，加少量丙酮萃取管内水滴，将丙酮倒入指定试剂瓶中，用电吹风的热风吹黏度计 F、D 球，造成热气流，烘干黏度计。

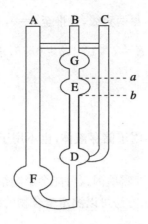

图 2－2　冲稀式乌氏黏度计

3. 纯溶剂流出时间 t_0 的测定

将乳胶管套在黏度计的 B 管和 C 管上。将恒温槽温度恒定于(25.0 ± 0.5)℃,将黏度计垂直置于恒温槽中,在恒温槽一侧用细线挂上一重物下垂,使细线作为标准,保证整个测试过程中黏度计均保持垂直。将黏度计 G 球浸没在水面以下。移取 20 mL 已恒温的蒸馏水(含正丁醇 2 滴),由 A 管注入黏度计内,恒温 5 min 后,夹紧 C 管上的乳胶管使其封闭,用针筒由 B 管吸液体上升至 G 球的 1/2 处,同时松开 B、C 管。G 球内液体在重力作用下流经毛细管,当液面恰好到达刻度线 a 时,立即按下秒表,开始记时,待液面下降到刻度线 b 时按停秒表,此时液体流经毛细管的时间为 t_0。重复测定三次,每次测得的时间相差不得大于 0.2 s,取其平均值,即为溶剂的流出时间 t_0。有时相邻两次测试所得时间虽小于 0.2 s,但持续增大或减小,所得结果也不一定可靠,可能是温度不恒定或浓度还未均匀引起,应继续测。

4. 溶液流出时间 t 的测定

溶液流出时间测定的基本操作方法与纯溶剂流出时间的测定相同。待 t_0 测完后,在原 20 mL 水中加入 10 mL 配制好的聚乙烯醇溶液,密封 B 管,用针筒在 B 管中多次吸液至 G 球,以洗涤 B 管,并使溶液与溶剂水充分混合,液体内的溶液各处浓度均匀。等 5 min 使温度平衡后,测定浓度为原溶液 1/3 溶液的流出时间。此后再依次加入 5 mL、5 mL、10 mL、10 mL 配制好的聚乙烯醇溶液,并分别测定它们的流出时间。

五、数据记录和数据处理

室温_____　　恒温槽温度_____　　原溶液浓度_____g/100 mL

溶液相对浓度 (g/100 mL)	流出时间				η_r	η_{sp}	$\dfrac{\eta_{sp}}{c}$	$\dfrac{\ln\eta_r}{c}$
	1	2	3	平均值				

1. 以 $\frac{\eta_{sp}}{c}$ 和 $\frac{\ln\eta_r}{c}$ 对浓度 c 作图，得两直线，外推至 $c=0$，求出 $[\eta]$。

2. 已知聚乙烯醇在 25℃ 时，$K=2\times10^{-4}$，$\alpha=0.76$，求出聚乙烯醇的黏均相对分子质量 $\overline{M}_\eta$。

六、讨论与思考

1. 乌氏黏度计中的 C 管既不用于储存液体，也不用于测量，那么它在测试过程中所起的作用是什么？

2. 做好本实验的关键是什么？哪些因素可能会影响结果的准确性？

3. 除了作图法以外，还有什么方法可以测定聚合物的特性黏度，其特点是什么？

实验二　凝胶渗透色谱法测定聚合物的相对分子质量

一、实验目的

了解凝胶渗透色谱法测定高聚物相对分子质量及相对分子质量分布的原理；掌握 Waters-515 型仪器的操作技术；根据实验数据计算数均相对分子质量、重均相对分子质量、多分散性指数并绘制相对分子质量分布曲线。

二、实验原理

高聚物的基本特征之一就是相对分子质量的多分散性，而聚合物的性能与其相对分子质量和相对分子质量分布密切相关。凝胶渗透色谱（Gel Permeation Chromatography，GPC）是液相色谱的一个分支，已成为测定聚合物相对分子质量分布和结构的最有效手段。同时，还可测定聚合物的支化度，共聚物及共混物的组成。采用特制型的色谱仪，可将聚合物按相对分子质量的大小分级，制备窄分布试样，供进一步分析和测定其结构。该方法的优点是快捷、简便、重现性好、进样量少、自动化程度高。

测量时将被测聚合物稀溶液试样从色谱柱上方加入，然后用溶剂连续洗提。洗提溶液进入色谱柱后，小相对分子质量的大分子将向凝胶填料表面和内部的孔洞深处扩散，流程长，在色谱柱内停留时间长；大相对分子质量的大分子，如果体积比孔洞尺寸大，就不能进入孔洞，只能从凝胶粒间流过，在柱中停留时间短；中等尺寸的大分子，可能进入一部分尺寸大的孔洞，而不能进入小尺寸孔洞，停留时间介于两者之间。根据这一原理，流出溶液中大相对分子质量的分子首先流出，小相对分子质量的分子最后流出，相对分子质量从大到小排列，采用示差折光检测仪就可测出试样相对分子质量分布情况。

色谱柱总体积为 V_t，载体骨架体积为 V_g，载体中孔洞总体积为 V_i，载体粒间体积为 V_0，则

$$V_t = V_g + V_0 + V_i \tag{1}$$

V_0 和 V_i 之和构成柱内的空间。溶剂分子体积远小于孔的尺寸,在柱内的整个空间(V_0 + V_i)活动;高分子的体积若比孔的尺寸大,载体中任何孔均不能进入,只能在载体粒间流过,其淋出体积是 V_0;高分子的体积若足够小,如同溶剂分子尺寸,所有的载体孔均可以进出,其淋出体积为(V_0 + V_i);高分子的体积是中等大小尺寸,它只能在体积为 V_i 的一部分载体孔中进出,其淋出体积 V_e 为

$$V_e = V_0 + KV_i \tag{2}$$

式中:K 为分配系数,其数值 $0 \leqslant K \leqslant 1$,与聚合物分子尺寸大小和在填料孔内、外的浓度比有关。当聚合物分子完全排出时,$K = 0$;在完全渗透时,$K = 1$(见图 2-3)。当 $K = 0$ 时,$V_e = V_0$,此处所对应的聚合物相对分子质量是该色谱柱的渗透极限(PL),商品 GPC 仪器的 PL 常用聚苯乙烯的相对分子质量表示。聚合物相对分子质量超过 PL 值时,只能在 V_0 以前被淋洗出来,没有分离效果。

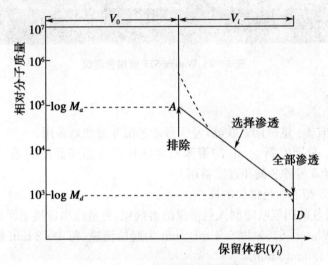

图 2-3 凝胶渗透色谱的分离范围

V_0 和 V_g 对分离作用没有贡献,应设法减小;V_i 是分离的基础,其值越大柱子分离效果越好。制备孔容大、能承受压力、粒度小、分布均匀、外形规则(球形)的多孔载体,让其尽可能紧密装填以提高分离能力。柱效的高低,常采用理论塔板数 N 和分离度 R 来做定性的描述。测定 N 的方法可以用小分子物质作出色谱图,从图上求得流出体积 V_e 和峰宽 W,以下式计算 N 值:$N = \left(\dfrac{4V_e}{W}\right)^2$,$N$ 越大,意味着柱子的效率越高。分离度 R 的计算式为 $R = \dfrac{2(V_{e,2} - V_{e,1})}{W_1 + W_2}$,"1"、"2"代表相对分子质量不同的两种标准样品,$V_{e,1}$、$V_{e,2}$、W_1 和 W_2 为其淋出体积和峰宽。若 $R \geqslant 1$,则完全分离。

上面阐述的 GPC 分离机理只有在流速很低,溶剂黏度很小,没有吸附,扩散处于平衡的特殊条件下成立,否则会得出不合理的结果。

三、仪器与样品

Waters-515 液相色谱仪,如图 2-4 所示;5 号砂芯漏斗。

聚苯乙烯标样,聚苯乙烯样品,四氢呋喃。

图 2 - 4 Waters-515 液相色谱仪

四、实验步骤

1. 流动相的准备:重蒸四氢呋喃,经 5 号砂芯漏斗过滤后备用。

2. 溶液配制:分别配制 5 mL 的聚苯乙烯标样及待测样品的溶液(浓度为 0.05%～0.3%),溶解后,经 5 号砂芯漏斗过滤备用。

3. Waters-515 型液相色谱仪的操作:

(1) 将经过脱气的四氢呋喃倒入色谱仪的溶剂瓶,色谱仪出口接上回收瓶。

(2) 打开泵(Waters-515),以 0.1 mL/min 为起始流速,每 1～2 min 提高 0.1 mL 的速度,将流速调整至 1.0 mL/min。

(3) 打开示差检测器(OPTILAB rEX)电源,按下"PURGE"键,充分清洗参比和样品池,冲洗过程中不时打开、关上"PURGE",赶出气泡,然后关上"PURGE",回零(ZERO)。

(4) 打开计算机,联机记录。在软件中选择正确的实验模板,设置参数,点击"RUN",开始实验。

4. 进样:待记录的基线稳定后,将进样阀把手扳到"LOAD"位(动作要迅速),用进样注射器吸取样品 50 μL 注入进样器(注意排除气泡)。这时将进样器把手扳到"INJECT"位(动作要迅速),即进样完成,同时应作进样记录。一样品测试完成(不再出峰时),可按前面步骤再进其他样品。

5. 实验结束,清洗进样器,再依次关机。

五、记录及数据处理

1. GPC 谱图的归一化处理

在仪器和测试条件不改变的情况下,实验得到的谱图可作为试样之间相对分子质量分布的一种直观比较。一般地,首先应将原始谱图进行"归一化"后再比较。所谓"归一化",就是把原始谱图的纵坐标转换为重量分数,以便于比较不同的实验结果和简化计算。具体作法是,确定色谱图的基线后,把色谱峰下的淋出体积等分为 20 个计算点,记下这些计算点处的总坐标高度 H_i(它正比于被测试样的质量浓度),把所有的 H_i 加和后得到 $\sum\limits_{i=1}^{n} H_i$(它正比于被测试样的总浓度),那么,$\dfrac{H_i}{\sum\limits_{i=1}^{n} H_i}$ 就等于各计算点处的组分占总试样的质量分数,以 $\dfrac{H_i}{\sum\limits_{i=1}^{n} H_i}$ 对 V_e(或 $\log M$)作图就得归一化 GPC 图。

2. 校正曲线

实验测定的聚合物 GPC 谱图,所得各个级分的相对分子质量测定有直接法和间接法。直接法是指 GPC 仪和黏度计或光散射仪联用;而最常用的间接法则用一系列相对分子质量已知的单分散的(相对分子质量比较均一)标准样品,求得其各自的淋出体积 V_e,作出 $\log M$ 对 V_e 的校正曲线:

$$\log M = A - BV_e \tag{3}$$

当 $\log M > \log M_a$ 时,曲线与纵轴平行,表明此时的流出体积(V_0)和样品的相对分子质量无关,V_0 即为柱中填料的粒间体积,M_a 就是这种填料的渗透极限。当 $\log M < \log M_d$ 时,V_e 对 M 的依赖变得非常迟钝,没有实用价值。在 $\log M_a$ 和 $\log M_d$ 点之间为一直线,即式(3)表达的校正曲线。式中 A、B 为常数,与仪器参数、填料和实验温度、流速、溶剂等操作条件有关,B 是曲线斜率,是柱子性能的重要参数,B 数值越小,柱子的分辨率越高。

上述订定的校准曲线只能用于与标准物质化学结构相同的高聚物,若待分析样品的结构不同于标准物质,需用普适校准线。GPC 法是按分子尺寸大小分离的,即淋出体积与分子线团体积有关,利用 Flory 的黏度公式:

$$[\eta] = \varphi' \frac{R^3}{M}, \quad [\eta]M = \varphi' R^3 \tag{4}$$

式中:R 为分子线团等效球体半径;$[\eta]M$ 是体积量纲,称为流体力学体积。

在相同的淋洗体积时,有

$$[\eta]_1 M_1 = [\eta]_2 M_2 \tag{5}$$

式中:下标 1 和 2 分别代表标样和试样,它们的 Mark-Houwink 方程分别为

$$[\eta]_1 = K_1 M_1^{a_1}$$

$$[\eta]_2 = K_2 M_2^{a_2}$$

因此可得

$$M_2 = \left(\frac{K_1}{K_2}\right)^{\frac{1}{a_2+1}} \times M_1^{\frac{a_1+1}{a_2+1}} \tag{6}$$

或

$$\log M_2 = \frac{1}{a_2+1} \log \frac{K_1}{K_2} + \frac{a_1+1}{a_2+1} \log M_1 \tag{7}$$

假定已证明,在某种温度,用某种载体和溶剂,标样和试样符合普适标定关系,即可以将 $\log M_1 = A - BV_e$ 代入式(7),得待测试样的标准曲线方程:

$$\log M_2 = \frac{1}{a_1+1} \log \frac{K_1}{K_2} + \frac{a_1+1}{a_2+1} A - \frac{a_1+1}{a_2+1} BV_e = A' - B'V_e \tag{8}$$

K_1、K_2、α_1、α_2 可以从手册查到,从而由第一种聚合物的 $M - V_e$ 校正曲线,换算成第二种聚合物的 $M - V_e$ 曲线,即从聚苯乙烯标样作出的 $M - V_e$ 校正曲线,可以换算成各种聚合物的校正曲线。

3. 计算 $\overline{M}_w$、$\overline{M}_n$ 及分散度 d

令

$$W_i = \frac{H_i}{\sum\limits_{i=1}^{n} H_i}$$

按定义有:

$$\overline{M}_w = \sum_{i=1}^{n} M_i W_i, \overline{M}_n = \left(\sum_{i=1}^{n} \frac{W_i}{M_i} \right)^{-1}; d = \frac{\overline{M}_w}{\overline{M}_n}$$

计算所需的 M_i 值可由校正曲线上查得。

六、思考与讨论

1. 本实验中校正曲线的线性关系在色谱柱重装或换了柱后能否再使用?
2. 色谱柱是如何将高聚物分级的? 影响柱效的因素有哪些?
3. GPC 法的溶剂选择原则是什么?
4. 同样相对分子质量的样品,支化的和线性的分子哪个先流出色谱柱?

实验三　差示扫描量热法测定聚合物的热转变温度

一、实验目的

学习差示扫描量热法(DSC)的原理;学会使用差示扫描量热法测定聚合物的热转变温度。

二、实验原理

差热分析(Differential Thermal Analysis ,DTA)和差示扫描量热(Differential Scanning Calorimeter,DSC)是测定聚合物热转变温度的重要方法。差示扫描量热法是在差热分析基础上发展起来的一种热分析技术,它是在温度程序控制下,测量试样相对于参比物的热流速随温度变化的一种技术。DSC 仪器在结构上的主要特点是有一个差动补偿放大器,样品和参比物的坩埚下面装置了补偿加热丝,仪器原理图见图 2-5。

在试样有热效应产生时,例如放热,试样温度将高于参比物温度,此时放置在它们下面的一组差示热电偶产生温差电势 $U_{\Delta T}$,经差热放大器放大后进入功率补偿放大器,功率补偿放大器自动调节补偿加热丝的电流,使试样下面的电流 I_S 减小,参比物下面的电流 I_R 增大,但($I_S + I_R$)保持恒定值。从而提高参比物的温度,使试样与参比物之间的温差 ΔT 趋于零,试样和参比物的温度始终维持相同。假如两边的补偿加热丝的电阻值相同,即 $R_S = R_R = R$,补偿电热丝上的电功率为 $P_S = I_S^2 R$ 和 $P_R = I_R^2 R$。当样品无热效应时,$P_S = P_R$;当样品有热效应时,P_S 和 P_R 之差 ΔP 能反映样品放(吸)热的功率:

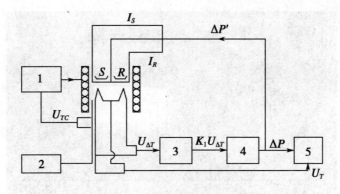

图 2 - 5　功率补偿型 DSC 示意图

S—试样，R—参比物，U_{TC}—由控温热电偶送出的毫伏信号，$U_{\Delta T}$—由差示热电偶送出的毫伏信号；
1—温度程序控制器，2—气氛控制，3—差热放大器，4—功率补偿放大器，5—记录器

$$\Delta P = P_S - P_R = (I_S^2 - I_R^2)R = (I_S + I_R)(I_S - I_R)R = (I_S + I_R)\Delta U = I\Delta U \qquad (1)$$

由于总电流 $I_S + I_R = I$ 为恒定值，所以样品放(吸)热的功率 ΔP 只与 ΔU 成正比。也就是说，在补偿功率作用下，补偿热量随试样热量变化，实验中补偿功率随时间(温度)的变化也就反映了试样放热速度(或吸热速度)随时间(温度)的变化，这就是 DSC 曲线。在 DSC 曲线中，峰的面积是维持试样与参比物温度相等所需要输入电能的真实量度，它与仪器的热学常数或试样热性能等各种变化无关，可进行定量分析。

DSC 曲线的纵坐标代表试样放热或吸热的速度，即热流速率，单位一般是 mJ/s，横坐标是温度 T(或时间 t)。试样放热或吸热的热量为

$$\Delta Q = \int_{t_1}^{t_2} \Delta P' \mathrm{d}t \qquad (2)$$

式(2)右边的积分就是峰的面积，峰面积 A 是热量的直接度量，也表明 DSC 是直接测量热效应的热量。但试样和参比物与补偿加热丝之间总存在热阻，补偿的热量有些漏失，因此热效应的热量应是 $\Delta Q = KA$，K 称为仪器常数，可由标准物质实验确定，K 不随温度、操作条件而变，这就是 DSC 比 DTA 定量性能好的原因。同时试样和参比物与热电偶之间的热阻可以尽可能地小，这就使 DSC 对热效应响应快、灵敏，峰的分辨率好。

近年来 DSC 的应用发展很快，尤其在高分子领域内得到了越来越广泛的应用。它常用于测定聚合物的熔融热、结晶度以及等温结晶动力学参数，测定玻璃化转变温度 T_g；研究聚合、固化、交联、分解等反应；测定聚合物反应温度或反应温区、反应热、反应动力学参数等，已成为高分子研究方法中不可缺少的重要手段之一。

三、实验仪器及样品

差示扫描量热仪 DSC 25，如图 2 - 6 所示。

聚丙烯，涤纶。

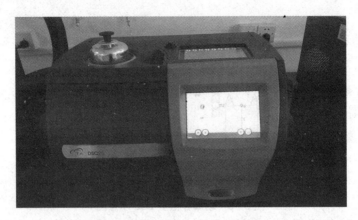

图 2 - 6 DSC 25 差示扫描量热仪

四、实验步骤

1. 打开仪器电脑。

2. 打开氮气开关，钢瓶出口压力不高于 20 psi，约 0.1 MPa。

3. 打开 DSC 电源开关（仪器背面右下方）。电脑上运行 TRIOS，点选仪器图标，然后点击 Connect。

4. 如果配置了机械制冷 RCS，在 RCS 面板将控制模式打到 Event，开启 RCS 电源开关。

5. 启动 RCS：打开 TRIOS 软件，点击 Controls 按钮，打开 Control Panel，在其中的 General 下可控制 RCS 制冷的开/关。打开后，压缩机启动，RCS 面板的制冷指示灯亮，表示 RCS 开始给仪器制冷。软件 signals 下的 flange temperature 开始降温，表示制冷正常工作。在 Control Panel 中，选择和设定炉子吹扫气，一般情况下流量设定为 50。

6. 点击 File Manager 中的 Experiment，进入试验编辑的界面。在 Design View（试验编辑界面）中，创建一个新的试验。

7. 样品信息的编辑在 Sample 选项卡，包括 Sample Name（样品名），Sample Mass（样品质量），Pan Type（选择所使用的样品盘的类型），File Name（选择数据保存路径）等。试验方法的编辑在 Procedure 选项卡，选择需要使用的命令，双击鼠标左键，该命令即进入 Segments 下，在此处输入相应的所需数值。一般一个完整的 DSC 实验，包括 Equilibrate（起始温度），Ramp（升温速度），Isothermal（结束温度）。编辑完毕后点击 Apply。

8. 信息编辑完成后，可以单击鼠标右键，选择 Copy to the Running Queue，将该试验发送到 Running Queue（正在进行的试验序列）中。当试验进入 Running Queue 中，压好样品放入炉子中后，选中该试验，点击 Start 按钮，即可开始试验。

9. 测试完毕，试验温度降到 40℃以下后，在 Control Panels 中，关闭 RCS 制冷机；观察 signals 信号栏里的 flange temperature，当该温度升高到室温左右时，即可关机：点击 Instrument 下的 shut down 即可关闭仪器。

10. 待关机完成后，关闭仪器后面电源；关闭气体和控制电脑；收拾台面，将坩埚、镊子等放回原处，做好登记，离开实验室。

五、注解

1. DSC 曲线

图 2-7 是聚合物 DSC 或 DTA 曲线示意图。当温度达到玻璃化转变温度 T_g 时，试样的热容增大就需要吸收更多的热量，使基线发生位移。假如试样是能够结晶的，并且处于过冷的非晶状态，那么在 T_g 以上可以进行结晶，同时放出大量的结晶热而产生一个放热峰。进一步升温，结晶熔融吸热，出现吸热峰。再进一步升温，试样可能发生氧化、交联反应而放热，出现放热峰，最后试样则发生分解吸热，出现吸热峰。当然并不是所有的聚合物试样都存在上述全部物理变化和化学变化，这与聚合物的化学结构及所经过的热历史有关。

确定 T_g 的方法是由玻璃化转变前后的直线部分取切线，再在实验曲线上取一点，如图 2-8(a)，使其平分两切线间的距离 l，这一点所对应的温度即为 T_g。T_m 的确定，对低分子纯物质来说，像苯甲酸，如图 2-8(b)所示，由峰的前部斜率最大处作切线与基线延长线相交，此点所对应的温度取作为 T_m。对聚合物来说，如图 2-8(c)所示，由峰的两边斜率最大处引切线，相交点所对应的温度取作为 T_m，或取峰顶温度作为 T_m。T_c 通常也是取峰顶温度。峰面积的取法如图 2-8(d)、(e)所示，如果峰前峰后基线基本呈水平，峰对称，其面积为峰高乘半宽度，即 $A = h \times \Delta t_{\frac{1}{2}}$，见图 2-8(f)。当然这些转变参数也可以直接由相应的电脑软件获得。

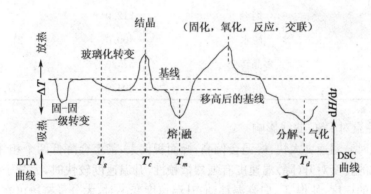

图 2-7 聚合物 DSC 或 DTA 曲线示意图

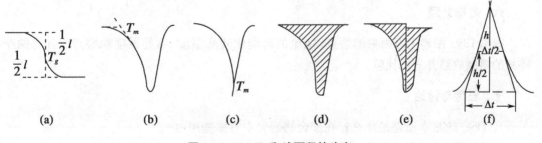

图 2-8 T_g、T_m 和峰面积的确定

2. DSC 温度标定

由于 DSC 测的是样品产生热效应与温度的关系，因此仪器温度示值的标准性非常重

要。为提高数据的可靠性,需要经常对仪器的温度进行标定,标定的方法是采用国际热分析协会规定的已知熔点的标准物质,如用 99.999％高纯铟、高纯锡、高纯铅,在整个工作温度范围内进行仪器标定(见表 2-1)。具体方法是将几种标准物分别在 DSC 仪上进行扫描,若某物质的 DSC 曲线上的熔点与标准不符,说明仪器温度示值在该温区出现误差,此时需调试仪器该温区温度,使记录值等于或近似于标准值(仪器调试方法见仪器说明书)。

表 2-1　标准物质的转变温度及热量

物质名称	转变类型	转变温度(℃)	热量(cal/g)(J/g)
KNO_3	多晶转变	127.7	12.8(53.5)
In	熔融	156.6	6.8(28.4)
Sn	熔融	231.9	14.6(61.0)
$KClO_4$	分解	299.5	26.5(110.8)
Ag_2SO_4	多晶转变	412.0	
Pb	熔融	327.4	5.5(23.0)
Zn	熔融	419.5	24.4(102.0)
$AgNO_3$	多晶转变	160.0	
	熔融	212.0	
SiO	脱水	400.0	210.0(878.0)
SiO_2	多晶转变	573.0	4.8(20.1)
NaCl	熔融	804.0	117.0(489.1)

3. 程序控温对 DSC 曲线影响

如果测试时升温速度太快,峰温会偏高,峰面积偏大,甚至会降低两个相邻峰的分辨率。聚合物玻璃化的转变对升(降)温速度有强烈依赖性,升温速度较快时,大分子链段的运动跟不上仪器升温的速度,使得 T_g 向高温移动;升温速度变小时,大分子链段可在较低的温度下吸热解冻,使 T_g 向低温移动;当升温速度极慢时,则根本观察不到玻璃化转变。通常采用的扫描速度为 10℃/min 或 20℃/min。

六、数据处理

根据 DSC 图确定聚丙烯的熔点,涤纶的玻璃化转变温度、结晶温度和熔点。计算两个样品的熔融放热并进行比较。

七、思考与讨论

1. DSC 的基本原理是什么? 在聚合物研究中有哪些用途?
2. DSC 测试中影响实验结果的因素有哪些?
3. 为什么从室温升温进行 DSC 测试不能得到聚丙烯的玻璃化较变温度?

实验四　聚合物熔体流动速率的测定

一、实验目的

了解热塑性塑料在黏流态时黏性流动的规律;掌握熔体速率仪的使用方法。

二、实验原理

在塑料加工中,熔体流动速率是用来衡量塑料熔体流动性的一个重要指标。通过测定塑料的流动速率,可以研究聚合物结构。此法简单易行,对材料的选择和成型工艺条件的确定有重要的实用价值,工业生产中应用十分广泛。但该方法也有局限性,不同品种的高聚物之间不能用其熔融指数值比较,不能直接用于实际加工过程中的高剪切速率下的计算,只能作为参考数据。此种仪器测得的流动性能指标,是在低剪切速率下测得的,不存在广泛的应力应变速率关系,因而不能用来研究塑料熔体黏度和温度、黏度与剪切速率的依赖关系,仅能比较相同结构聚合物相对分子质量或熔体黏度的相对数值。

对于同种高聚物,可用熔体流动速率来比较其相对分子质量的大小,并可作为生产指标。熔体流动速率(MI)是指热塑性塑料熔体在一定的温度、压力下,在 10 min 内通过标准毛细管的质量,单位为 g/10 min。一般来讲,同一类高聚物(化学结构相同),若熔体流动速率变小,则其相对分子质量增大,机械强度较高,但其流动性变差,加工性能低;熔体流动速率变大,则相对分子质量减小,强度有所下降,但流动性变好。

熔体流动速率测定是在规定温度条件下,用高温加热炉使被测物达到熔融状态,在规定砝码负荷重力下通过一定直径的小孔挤出而进行的。

三、仪器与样品

ZRZ1452 熔体流动速率实验机,如图 2-9 所示,主要由料筒、活塞杆、口模、控温系统、负荷、自动测试机构及自动切割等部分组成。

图 2-9　ZRZ1452 熔体流动速率实验机

试样形状可以是粒状、片状、薄膜、碎片等，也可以是粉状。在测试前根据塑料种类要求，进行去湿烘干处理。当测试数据出现严重的无规则离散现象时，应考虑试样性质不稳定因素而需掺入稳定剂（特别是粉料）。本实验采用聚乙烯粒料。

四、实验步骤

1. 设置温度，待稳定；

2. 需要清洁料筒活塞杆，清洁后，将活塞杆插入，还需等待温度稳定；

3. 将活塞杆拔出；

4. 加料，压实（应在 1 min 内完成），重新插入活塞杆；

5. 等待 4～6 min（有规定的按规定，一般 4 min 后），温度开始进入稳定状态；

6. 加砝码；

7. 如料太多，或下移至起始刻度线太慢，可用手加压或增加砝码加压，使快速达到活塞杆上的测试起始刻线；

8. 计时，切样，可切数段；

9. 称重；

10. 计算，取平均值；

11. 在 130～230℃ 区间选 5～6 个温度点，按步骤 1～10 分别测定低密聚乙烯 LDPE 的流动速率。进行 LDPE 流动活化能的测定。

12. 用纱布、专用工具（清洗杆）清洗料筒、活塞杆，如料的黏性太重，不易清洗，可在表面涂一些润滑物，如石蜡等。清洗一定要趁热进行。料筒、活塞杆在每次实验后都必须进行清洗。

13. 口模清洗，用专用工具（口模清洗杆）将内孔中熔融物挤出。在做相同材料的实验时，口模不必每次清洗，但在调换实验品种、关闭加热器前或已经多次实验，则必须清洗。遇有不易清洗的情况，同样可涂一些石蜡等润滑物。

五、实验记录与数据处理

1. 熔体质量流动速率按下式计算：

$$MI = 600\,w/t \tag{1}$$

式中：w 为切取样条质量平均值(g)；t 为切取样条时间间隔(s)。

2. 以 $-\log MI$ 对 $1/T \times 10^3$ 作图，由直线斜率求得流动活化能 E_η。

六、注解

1. 影响实验结果的因素

负荷：加大负荷将使流动速率增加；

温度：在试样允许的前提下，升高温度将使流动速率增加，如果料筒内的温度分布不均匀，将给流动速率的测试带来不确定因素；

关键零件：关键零件（口模内孔、料筒、活塞杆）的机械制造尺寸精度误差使测试数据大大偏离。粗糙度达不到要求，也将使测试数据偏小。

2. 热塑性塑料实验条件

常用塑料按表2-2序号选用,共聚、共混和改性等类型的塑料,也可参照实验条件选用。

表2-2 标准实验条件

序号	标准口模内径/mm	实验温度/℃	负荷/kg
1*	2.095	150	2.160
2	2.095	190	0.325
3	2.095	190	2.160
4	2.095	190	5.000
5	2.095	190	10.000
6	2.095	190	21.600
7	2.095	200	5.000
8	2.095	200	10.000
9	2.095	230	0.325
10	2.095	230	1.200
11	2.095	230	2.160
12	2.095	230	3.800
13	2.095	230	5.000
14	2.095	265	12.500
15	2.095	275	0.325
16	2.095	280	2.160
17	2.095	190	5.000
18	2.095	220	10.000
19	2.095	230	5.000
20**	2.095	300	1.200

* 仅参照ISO标准;** 仅参照国标

具体塑料选用条件如下:

聚乙烯	1、3、4、5、7
聚甲醛	4
聚苯乙烯	6、8、11、13
ABS	8、9
聚丙烯	12、14
聚碳酸酯	20
聚酰胺	10、16
丙烯酸酯聚合物	9、11、13
纤维素酯	3、4

3. 加料量

根据试样,预计熔体流动速率,按表2-3称取试样(仅供参考)。

表 2 - 3　试样加入量参考表

熔体流动速率 /(g/10 min)	试样加入量/g		切割时间间隔/s	
	ISO 标准	GB 标准	ISO 标准	GB 标准
0.1～0.5	4～5	3～4	240	120～240
>0.5～1	4～5	3～4	120	60～120
>1～3.5	4～5	4～5	60	30～60
>3.5～10	6～8	6～8	30	10～30
>10	6～8	6～8	5～15	5～10

注：当材料的密度大于 1.0 g/cm³ 时,需增加样品的用量。

4. 熔融指数与重均相对分子质量的关系

研究流动曲线特性表明,在很低的剪切速率下,聚合物熔体的流动行为是服从牛顿定律的,其黏度不依赖于剪切速率,通常把这种黏度称为最大牛顿黏度或零剪切黏度 η_0,它是利用 $\eta = f(s)$ 关系,从很小的剪切应力外推到零求得的。根据布契理论,线形聚合物的零剪切黏度与重均相对分子质量($\overline{M}_w$)的关系式为 $\eta_0 = K\overline{M}_w^{3.4}$,式中 K 是依赖于聚合物类型及测定温度的常数。许多研究表明,对于相对分子质量分布较窄或分级的高密度聚乙烯是遵守 3.4 次方规则的。但在相对分子质量分布宽时,$\overline{M}_w$ 的指数有所增大。如果使指数保持为 3.4,则需用某种平均相对分子质量($\overline{M}_t$)代替重均相对分子质量,其关系式为:

$$\eta_0 = K\overline{M}_t^{3.4} \tag{2}$$

式中:$\overline{M}_w < \overline{M}_t < \overline{M}_z$。当相对分子质量分布窄时,$\overline{M}_t$ 接近 $\overline{M}_w$;当相对分子质量分布宽时,$\overline{M}_t$ 接近 $\overline{M}_z$。在实际应用中,不是用零剪切黏度评定相对分子质量,而是用低剪切速率的熔体流动速率(习惯上叫熔融指数)评定的。经研究,熔融指数与重均相对分子质量的关系如下:

$$\log MI = 24.505 - 5\log \overline{M}_w \tag{3}$$

由于熔融指数不只是相对分子质量的函数,也受相对分子质量分布及支链的影响,所以在使用这一公式时应予以注意。

5. 熔融指数与聚合物熔体的流动活化能关系

对高聚物熔体黏度进行大量研究表明,温度和熔体零剪切黏度的关系在低切变速率区可以用安德雷德方程描述:

$$\eta_0 = A\mathrm{e}^{\frac{E_\eta}{RT}} \tag{4}$$

式中:η_0 为温度 T 时的零剪切黏度;E_η 为大分子的链段从一个平衡位置移动到下一个平衡位置必须克服的能垒高度,即流动活化能。

(4)式在 50℃的温度区间内具有很好的规律,把(4)式化为对数形式,得

$$\lg \eta_0 = \lg A + \frac{E_\eta}{2.303RT} \tag{5}$$

以 $\log \eta_0$ 对 $\frac{1}{T}$ 作图,应得一直线,其斜率为 $\frac{E_\eta}{2.303RT}$,由此很容易算出 E_η,由于需要在每

一温度条件下用改变荷重的方法做一组实验,通过外推才能求得零剪切黏度,所以费时太多。可以利用熔融指数仪测定不同温度、恒定切应力条件下的 MI 值,并由此求出表观活化能,原理如下:

由泊塞勒方程知道,通过毛细管黏度计熔体的黏度为:

$$\eta = \frac{\pi R^4 \Delta p}{8 v L} \tag{6}$$

式中: R 与 L 分别为毛细管的半径与长度; Δp 为压差; v 为体积流速。

则:

$$v = \frac{\pi R^4 \Delta p}{8 \eta L} \tag{7}$$

在固定毛细管及 Δp 的条件下,

$$v = \frac{K}{\eta} \tag{8}$$

由 MI 的定义知道, MI 正比于 v,

所以

$$\eta = \frac{K'}{MI} \tag{9}$$

将其代入(4)式,得

$$\frac{K'}{MI} = A e^{\frac{E_\eta}{RT}} \tag{10}$$

由上式可导出

$$-\lg MI = B + \frac{E_\eta}{2.303 RT} \tag{11}$$

式中: $B = \lg A - \lg K$。以 $-\lg MI$ 对 $\frac{1}{T}$ 作图,得一直线,由其斜率可求得 E_η。还可以利用 MI 的实测值计算样品的 $\overline{M}_w$、A 及不同温度下 η 的值。

七、思考与讨论

聚合物的相对分子质量与其熔体流动速率有什么关系?为什么熔体流动速率不能在结构不同的聚合物之间进行比较?

实验五　红外光谱法测定聚合物结构

一、实验目的

掌握红外光谱法测定聚合物结构的方法;学会红外光谱仪的使用。

二、实验原理

红外光谱的波长在 $0.78\sim300\ \mu m$ 之间,因为红外光量子的能量较小,当物质吸收红外区的光量子后,只能引起原子的振动和分子的转动,不会引起电子的跃迁,因此不会破坏化学键,而只能引起键的振动,所以红外光谱又称振动转动光谱。每种基团、每种化学键都有特殊的吸收频率组,犹如人的指纹一样,所以可以利用红外吸收光谱鉴别出分子中存在的基团、结构的类型、双键的位置、是否结晶以及顺反异构等结构特征。

当样品受到频率连续变化的红外光照射时,分子吸收了某些频率的辐射,并由其振动或转动运动引起偶极矩的净变化,产生分子振动和转动能级从基态到激发态的跃迁,使相应于这些吸收区域的透射光强度减弱,记录红外光的百分透射比与波数或波长关系的曲线,就得到红外光谱。

习惯上按红外线波长,将红外光谱分成三个区域:(1)近红外区,$0.78\sim2.5\ \mu m$($12\,820\sim4\,000\ cm^{-1}$),主要用于研究分子中的 O—H、N—H、C—H 键的振动倍频与组频。(2)中红外区,$2.5\sim25\ \mu m$($4\,000\sim400\ cm^{-1}$),主要用于研究大部分有机化合物的振动基频。(3)远红外区,$25\sim300\ \mu m$($400\sim33\ cm^{-1}$),主要用于研究分子的转动光谱及重原子成键的振动。其中,中红外区($2.5\sim25\ \mu m$,即 $4\,000\sim400\ cm^{-1}$)是研究和应用最多的区域,通常说的红外光谱就是指中红外区的红外吸收光谱。

对聚合物来说,每个分子包括的原子数目是相当大的,这似乎应产生相当数目的简正振动,从而使聚合物光谱变得极为复杂,实际情况并非如此,某些聚合物的红外光谱比其单体更为简单,这是因为聚合物链是由许多重复单元构成的,各个重复单元又具有大致相同的键力常数,因而其振动频率是接近的。而且由于严格的选择定律限制,只有一部分振动具有红外活性。

红外光谱仪(通常称红外分光光度计)的结构基本上由光源、单色器、检测器、放大器和记录系统组成。

三、仪器和药品

FTIR - 8400S 型红外光谱仪,如图 2 - 10 所示。
聚苯乙烯(PS)。

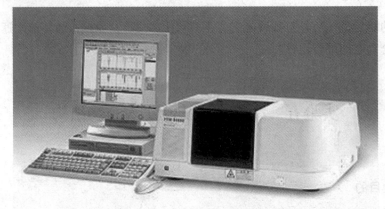

图 2 - 10 FTIR - 8400S 型红外光谱仪

四、实验步骤

1. 试样制备

薄膜法。直接加热熔融样品然后压制成膜。

2. 红外光谱图的测绘

(1) 先打开红外测试机器开关,然后打开电脑(为保证测试正常进行,以上开机顺序不能反过来)。

(2) 点击电脑桌面 IRsolution,进入测试软件。

(3) 点击 measure(中间左上侧位置),然后点击 measurement initialize(左上侧位置),进行初始化,成功后右侧 interface mirror 为绿色。

(4) 点击 BKG,扫描背景。会有窗口自动弹出,提示移走已有数据,点击 yes。等待 20 次扫描结束。

(5) 将样品插入测试机器中,注意:样品在样品架右侧。

(6) 点击 measure sample,等待 20 次扫描结束。

(7) 点击 manipulation peak table,右侧出现窗口,点击 Calc OK,然后点击 file print 进行打印。也可以先进行打印预览 file print preview,然后打印。

(8) 点击 file export,选择路径保存本次测试结果的 txt 文件。

(9) 将样品取走。

(10) 清理台面和准备样品过程中所用研钵、镊子、夹子等所有器具。

(11) 关电脑和红外测试机(关机先后顺序不重要)。

五、结果处理

样品测试后得到红外光谱图,红外光谱图的解析可归纳为:先特征,后指纹;先最强峰,后次强峰;先粗查,后细找;先否定,后肯定;抓一组相关峰。光谱解析先从特征区第一强峰入手,确认可能的归属,然后找出与第一强峰相关的峰。第一强峰确认后,再依次解析特征区第二强峰、第三强峰,方法同上。对于简单的光谱,一般解析一两组相关峰即可确定未知物的分子结构。对于复杂化合物的光谱,由于官能团的相互影响,解析困难,可粗略解析后,查对标准光谱或进行综合光谱解析。

从测绘的红外光谱图上找出主要基团的特征吸收,与标准光谱图对照,分析鉴定试样属何种聚合物。标准光谱图通常有:萨得勒标准谱图(the Sadtler Standard Spectra);Hummel 等著的《聚合物、树脂和添加剂的红外分析图谱集》第一卷,汇集了约 1 500 张聚合物和树脂的谱图。

六、注解

1. 红外光谱对样品要求

(1) 试样的浓度和测试厚度应选择适当,以使光谱图中大多数吸收峰的透射比处于 15%~70% 范围内。浓度太小,厚度太薄,会使一些弱的吸收峰和光谱的细微部分不能显示出来;过大、过厚,又会使强的吸收峰超越标尺刻度而无法确定它的真实位置。有时为了得到完整的光谱图,需要用几种不同浓度或厚度的试样进行测绘。

（2）试样中不应含有游离水。水分的存在不仅会侵蚀吸收池的盐窗，而且水分本身在红外区有吸收，将使测得的光谱图变形。

（3）试样应该是单一组分的纯物质。多组分试样在测定前应尽量预先进行组分分离（如采用色谱法分离、蒸馏、重结晶、萃取等），否则各组分光谱相互重叠，以致对谱图无法进行正确的解释。

2. 固体样品制样

（1）溴化钾压片。粉末样品常采用压片法，一般取 2～3 mg 样品与 200～300 mg 干燥的 KBr 粉末在玛瑙研钵中混匀，充分研细至颗粒直径小于 2 μm，用不锈钢铲取 70～90 mg 放入压片模具内，在压片机上用 $5×10^7～10×10^7$ Pa 压力压成透明薄片，即可用于测定。

（2）糊状法。将干燥处理后的试样研细，与液状石蜡或全氟代烃混合，调成糊状，加在两 KBr 盐片中间进行测定。液状石蜡自身的吸收带简单，但此法不能用来研究饱和烷烃的吸收情况。

（3）溶液法。对于不宜研成细末的固体样品，如果能溶于溶剂，可制成溶液，按照液体样品测试的方法进行测试。常用的红外光谱溶剂应在所测光谱区内本身没有强烈吸收，不侵蚀盐窗，对试样没有强烈的溶剂化效应等。例如 CS_2 是 1 350～600 cm^{-1} 区域常用的溶剂，CCl_4 用于 4 000～1 350 cm^{-1} 区。

（4）薄膜法。一些高聚物样品难于研成细末，可制成薄膜直接进行红外光谱测定。薄膜的制备方法有两种，一种是直接加热熔融样品然后涂制或压制成膜，另一种是先把样品溶解在低沸点的易挥发溶剂中，涂在盐片上，待溶剂挥发后成膜来测定。

3. 液体样品制样

（1）液体池法。沸点较低，挥发性较大的试样，可注入封闭液体池中。液层厚度一般为 0.01～1 mm。

（2）液膜法。沸点较高的试样，直接滴在两块盐片之间，形成液膜。

对于一些吸收很强的液体，当用调整厚度的方法仍然得不到满意的图谱时，可用适当的溶剂配成稀溶液来测定。

4. 气体样品制样

气态试样可在气体吸收池内进行测定，它的两端黏有红外透光的 NaCl 或 KBr 窗片。先将气体池抽真空，再将试样注入。

当样品量特别少或样品面积特别小时，必须采用光束聚焦器，并配有微量液体池、微量固体池和微量气体池，采用全反射系统或用带有卤化物透镜的反射系统进行测量。

七、思考题

1. 如何根据红外光谱判断聚合物结构？
2. 在实验中，哪些因素可能导致测试出现错误或误差？
3. 红外光谱在高聚物研究中有哪些应用？

实验六　电子拉力机测定聚合物拉伸应力-应变曲线

一、实验目的

理解拉伸应力-应变曲线的意义,测定聚合物的屈服强度、断裂强度和断裂伸长率;掌握聚合物的静载拉伸实验方法,熟悉微机控制电子万能实验机的操作;观察结晶性高聚物的拉伸特征。

二、实验原理

不同的材料往往具有完全不同的应力-应变行为。通过应力-应变行为的分析,可以了解材料的承载过程特征和破坏特征,可以确定材料的强度和刚度,达到正确评价和使用材料的目的。

聚合物材料由于本身长链大分子结构特点,使其具有多重的运动单元,因此不是理想的弹性体,在外力作用下的力学行为是一个松弛过程,具有明显的黏弹性质。在拉伸实验时因实验条件的不同,其拉伸行为有很大差别。典型的高聚物拉伸应力-应变曲线如图 2-11 所示。OA 段曲线的起始部分,近乎是条直线,符合虎克定律。此时试样被均匀拉长,应变很小,而应力增加很快,呈普弹变形,是由于高分子的键长、键角以及原子间距离的改变所引起的,其变形是可逆的。当达到 A 点时,应变增量与应力增量的比值为零,A 点叫做屈服点,A 点所对应的应力叫屈服应力或屈服强度,此时弹性模量近似为零,这是一个重要的材料特征点,对塑料来说,它是使用的极限点。过了屈服点 A 后曲线进入 BC 段,此时试样突然在某处出现一个或几个"细颈"现象,出现细颈部分的本质是分子在该处发生取向,该处强度增大,故拉伸时细颈不会再变细拉断,而是向两端扩展,直至整个试样完全变细为止,此阶段应力几乎不变而变形却增加很多。如果再继续拉伸,曲线进入 CD 段,被均匀拉细后的试样再度变细即分子进一步取向,应力随应变的增加而增大,直到断裂点 D,试样被拉断,D 点可能高于或者低于屈服点 A,对应于 D 点的应力称为强度极限,是工程上重要指标,即拉伸强度或断裂强度 σ,其计算公式如下:

$$\sigma_{断} = P/(b \times d) \ (\text{MPa}) \tag{1}$$

式中:P 为最大破坏载荷(N);b 为试样宽度(mm);d 为试样厚度(mm)。

断裂伸长率 $\varepsilon_{断}$ 是材料在断裂时的相对伸长,按下式计算:

$$\varepsilon_{断} = (L - L_0)/L_0 \times 100\% \tag{2}$$

式中:L_0 为试样标线间距离(mm);L 为试样断裂时标线间距离(mm)。

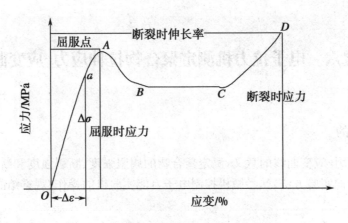

图 2‑11　典型的高聚物拉伸应力‑应变曲线

高分子材料是多种多样的,它们的应力‑应变曲线也是多样的。某种材料的应力‑应变曲线下的面积,表示其反抗外力所做的功,因此根据应力‑应变曲线的形状就可以大致判断出该材料的强度和韧性。若按在拉伸过程中屈服点的变化、伸长率大小及断裂状况分类,高分子材料大致可分为五类,如图 2‑12 所示。

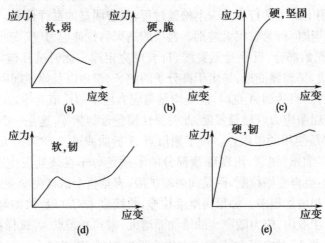

图 2‑12　高分子材料应力‑应变曲线类型

(a) 软而弱型:如聚异丁烯,它具有低的弹性模量、低的屈服点。

(b) 硬而脆型:如聚苯乙烯(PS)、聚甲基丙烯酸甲酯(PMMA)和高交联度的热固性树脂等。聚合物具有高的弹性模量、不明显的屈服点及很低的伸长率。

(c) 硬而强型:如硬质聚氯乙烯,具有高的弹性模量及高的断裂强度。断裂伸长率一般约为 5%,应力‑应变曲线出现屈服点,具有某些轻金属的特征,称为半脆性破坏。

(d) 软而韧型:如橡胶和加增塑剂后的聚氯乙烯等,具有低的弹性模量、高的伸长率及明显的屈服点。此类聚合物在屈服点之后有很大的伸长率,所以它在应力‑应变曲线下的面积较硬而脆型聚合物大。

(e) 硬而韧型:如尼龙、聚碳酸酯(PC)和 ABS 树脂等,此种聚合物的弹性模量高,屈服点高,断裂伸长率也较大。这类高分子材料在拉伸过程中出现屈服点后,随应变增加,应力显著下降,称为应变软化现象;当应变继续增加时,应力几乎不变,称为细颈或冷拉现象;最后随应变的增加,应力再次上升称为应变硬化现象,直至断裂破坏。它们在达到屈服点之前具有适度大小的伸长率,但在屈服点之后的伸长则是不可恢复的。

三、原料与设备

本实验试样采用注塑成型的聚丙烯(PP)标准哑铃型试样(5个)。要求表面平整,无气泡、裂纹、分层、伤痕等缺陷。试样形状及尺寸分别见图2-13和表2-4。

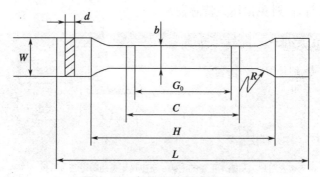

图 2-13　标准哑铃型试样形状

表 2-4　试样尺寸(mm)

符号	名称	尺寸	公差	符号	名称	尺寸	公差
L	总长(最小)	150	—	W	端部宽度	20	±0.2
H	夹具间距离	115	±5.0	d	厚度	4	±0.1
C	中间平行部分长度	60	±0.5	b	中间平行部分宽度	10	±0.2
G_0	标距	50	±0.5	R	半径(最小)	60	—

实验设备为CMT微机控制电子万能实验机,如图2-14所示。

图 2-14　CMT微机控制电子万能实验机

四、实验步骤

1. 按以下顺序开机：实验机→计算机→打印机。每次开机后，最好要预热 10 min，待系统稳定后，再进行实验工作。

2. 双击电脑桌面  图标，进入实验软件，选择好联机的用户名和密码，根据实验要求选择力传感器（1 号 25 kN/2 号 100N。本实验为 1 号传感器）后点击"联机"。（注：力传感器一定要跟实验符合，避免损坏力传感器）

3. 准备好楔形拉伸夹具。若夹具已安装到实验机上，则对夹具进行检查，并根据试样的长度及夹具的间距设置好限位装置。

4. 点击"实验部分"里的新实验，选择相应的塑料拉伸实验方案（实验方案的设置参照软件说明书），输入试样的原始用户参数如尺寸等，如下所示。多根试样直接按回车键生成新记录。

序号	已运行	试样标距(Lo)　(mm)	试样厚度(t)　(mm)	试样宽度(W)　(mm)
1		100	10	5
2		100	10	5
3		100	10	5
4		100	10	5

5. 分别将上、下夹具装到实验机的上、下接头上，插上插销，旋紧锁紧螺母。先搬动上夹具的上搬把，使钳口张开适当的宽度，大于所装试样的厚度即可，将试样一端放入上夹具钳口之间，并使试样位于钳口的中央，松开上搬把，将试样上端夹紧。在夹好试样一端后，力值清零（点击力窗口的"清零"按钮），再夹另一端。

6. 将大变形的上下夹头夹在试样的中部，并保证上下夹头之间的顶杆接触，以保证试样原始标距的正确，本实验顶杆的间距设置为 50 mm。

7. 点击运行命令按钮，开始自动实验。实验自动结束后，软件显示实验结果，包括试样的拉伸断裂强度、断裂伸长率和弹性模量等结果参数。

8. 重复上述 5～6 步骤做完 5 个试样后，实验完成。点击"生成报告"，打印实验报告。

9. 关闭实验窗口及软件。关机顺序：实验软件→实验机→打印机→计算机。

五、注解

1. 银纹化现象

高分子材料在载荷（或环境因素）作用下会产生微开裂，但这种微开裂并非真正的裂纹，其内部由高度取向的高聚物纤维束和空穴组成,并且有一定的稳定性,称为银纹化现象。银纹化现象主要发生在玻璃态非晶高聚物中,如聚苯乙烯、聚甲基丙烯酸甲酯、聚砜等。部分结晶高聚物如聚乙烯、聚丙烯和聚甲醛等在低温变形下也可发生,甚至某些热固性树脂(如环氧、酚醛)也观察到银纹。银纹的产生与受载方式有关。只有在拉伸应力作用下,形成空穴,使体积有较大的局部增加,才能产生银纹,且各个银纹的平面都与拉伸应力的方向垂直,即银纹有方向性,纯压缩应力不产生银纹。

2. 尺寸效应

在力学性能测试标准方法中大都规定了标准试样的严格尺寸。因为同一种材料不同尺寸的试样也会严重影响测试结果,这种现象称为"尺寸效应"。例如,聚氯乙烯样品厚度为0.5 mm和3 mm时,其拉伸强度的相对误差达40%。

3. 拉伸强度计算

关于拉伸强度用(1)式计算有一个假设,即拉伸过程中试样的横截面积不变,严格说这是不可能的。众所周知,试样轴向被拉长,径向必然会相应收缩,只是各种材料收缩的程度不同。拉伸时的实际情况是相当复杂的,拉伸时有效部分的伸长并不一定均匀,可能出现细颈。断裂时横截面积在不断改变,断裂瞬时的横截面积测定很困难。故目前仍用(1)式计算拉伸强度。此外,(1)式中 P 指的是最大破坏载荷,有时是屈服点载荷,有时是断裂点载荷。因此由(1)式计算出来的拉伸强度物理意义并不明确,只有工程意义。

4. 有关力学基本概念

一般说来,将作用在材料上的外力通称为载荷(或荷重)。材料受载荷的作用发生形变的同时,其内部产生反抗形变的内力。当形变稳定后,分布于某截面上的内力与截面积之比称为应力。任一截面上的应力可分解为法向应力(正应力)和切向应力(切应力),法向应力作用在截面的垂直方向上,切向应力作用在截面的平行方向上。绝对的刚性材料是不存在的,因此材料受载荷作用就要引起形变。物体的形变总是可以分解成纯体积形变(体积改变)和纯畸变形变(形状尺寸改变),这些变化与其原来的形状尺寸或体积之比称为应变。应变表示相对变形,故是无量纲的。

由于载荷而产生形变,所以应力和应变是伴生的,它们之间的关系很复杂,只有理想弹性体,应力与应变之间才有最简单的线性关系。理想弹性体是均匀的、各向同性的。所谓均匀的是指物体内各质点的物理性质都是相同的;所谓各向同性是指物体的弹性性质在各个方向上都是相同的,其弹性模量不随坐标位置而变化。理想弹性体是不存在的,如果物体的形变是微小的(或称无限小形变),则可近似为线性弹性关系。

1678 年虎克发现,如果弹性固体在某一极限范围内加载,则产生的形变与所加载荷呈正比,即应力 σ 与应变 ε 是线性相关的,其比例常数称为弹性模量 E,这种相关性称为虎克定律,即:

$$\sigma = E\varepsilon \tag{3}$$

弹性模量是材料常数,它的大小取决于材料性质和所涉及的应力、应变的性质。它表征了材料抵抗变形能力的大小,模量值愈大,愈不易变形,材料的刚性愈大。由于应变是无量纲的,故弹性模量与应力的量纲相同。高分子材料的模量变化范围很广,从橡胶的 10^6 Pa 到塑料的 10^9 Pa,其中一部分纤维的模量可高达 10^{10} Pa,这是高分子材料用途多样化的原因之一。

5. 影响高聚物机械强度的因素

（1）大分子链的主链,分子间力以及高分子链的柔性等是决定高聚物机械强度的主要内在因素。

（2）在加工过程中所留下来的各种痕迹,如成型制品表层及内部冷却速度不一致,表面先凝固,内部仍处于高热状态,产生一种阻止表面形成完整表皮结构的内应力,使得外表皮上出现许多龟裂,整个物体冷却后,这些龟裂以裂缝、结构不均匀的细纹、凹陷、真空泡等形式留在制品表面或内层。此外,由于混料及塑化不均,以及引进微小气泡或各种杂质等,这些隐患均成为制件强度的薄弱环节。

（3）环境温度、湿度及拉伸速度等对机械强度有着非常重要的影响,塑料属于高弹性材料,它的力学松弛过程对拉伸速度和环境温度非常敏感。升高温度使分子链段的热运动加强,松弛过程进行较快,拉伸时表现较大的变形和较低的强度;低速拉伸时,由于速度慢,外力作用持续的时间长,分子链来得及取向位移,进行重排,所以,试样表现出较大的变形和较低的强度,因此,降低拉伸速度和增加实验温度的结果是等效的。

六、安全提示

1. 任何时候都不能带电插拔电源线,否则很容易损坏电气控制部分。

2. 如果刚刚关机,需要再开机,一定要等候至少 1 min 的时间。

3. 实验开始前,一定要调整好限位挡圈。

4. 大变形在不使用时,请将两夹头放入保护装置内,或将其旋转开,以免移动横梁在移动过程中撞坏夹头。

5. 实验过程中,除停止按键和急停开关外,不要按控制盒上的其他按键,否则会影响实验。

6. 计算机要严格按照系统要求一步一步退出,正常关机,否则会损坏部分程序,导致软件无法正常使用。

7. 严禁使用来历不明或与本机无关的软盘或其他外接存储设备在实验机控制用计算机上写盘或读盘,以免病毒感染。

七、实验前预习的问题

1. 填写下表。

表 2-5　高分子材料应力-应变曲线的不同特征

试样变形	类型	模量	屈服应力	拉伸强度	断裂伸长率
	硬而脆				
	硬而强				
	硬而韧				
	软而韧				
	软而弱				

2. 了解 CMT 微机控制电子万能实验机的结构、操作规程及注意事项。

1. 如何根据高分子材料的应力-应变曲线来判断材料的性能?
2. 在拉伸实验中,有时测试软件无法给出试样模量值,这是为什么?
3. 拉伸速度对测试结果有何影响?

实验七　高分子材料冲击强度测定

一、实验目的

理解冲击强度的意义;学会简支梁冲击强度的测试方法,熟悉冲击实验机的操作。

二、实验原理

冲击实验用来量度材料在高速冲击状态下的韧性或对断裂的抵抗能力,研究塑料等高分子材料在经受冲击载荷时的力学行为有一定实际意义。冲击实验方法很多,一般采用摆锤式冲击弯曲实验、落重冲击实验和高速拉伸冲击实验三种方法。

摆锤式冲击弯曲实验包括简支梁型(国外称 Charpy 法)和悬臂梁型(Izod 法)。这两种方法(见图 2-15)都是将试样放在冲击机上规定的位置,然后使摆锤自由落下,试样受到冲击弯曲的力,冲断试样时所消耗的功除以冲击面积(试样横截面积),就得到单位面积上抗冲击弯曲的功,称为冲击强度,单位为 kJ/m^2。这种冲击实验方法仪器简单,操作方便,生产和科研部门广泛采用。

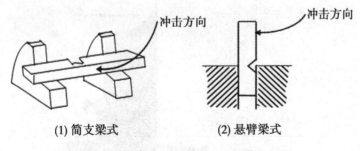

(1) 简支梁式　　　　(2) 悬臂梁式

图 2-15　摆锤式冲击实验中试样放置方式

尽管摆锤式冲击实验应用普遍,但目前认为其结果数据并没有确切的物理意义,只能在工业上作为材料冲击韧性的粗略估计,这是因为所测出的能量并不是真正完全用于使试样断裂的能量。摆锤式冲击方法中,击断试样所消耗的功包括以下几方面的能量:使试样产生裂痕的能量和裂痕在试样中传播的能量;使试样产生永久形变的能量;试样断裂后飞出的能量("飞出功")等等。因此,这种方法测得的抗冲强度并不完全能表示塑料韧性。例如,对聚甲基丙烯酸甲酯来说,飞出功占消耗能量的 50% 左右,而且,对同一跨度来说,试样愈厚,飞出功愈大。因此,对同样的材料而厚度不同的试样作冲击实验时,厚度愈大的试样,测得的冲击强度一般也愈大。此外,试样本身的取向、缺口半径等对测试结果也有很大影响。

为了消除"飞出功"的影响,可采用落重冲击法测试材料的冲击强度。该方法的特点是把一个撞锤从已知高度自由落下,测出试样刚好形成裂纹而不把试样完全打断时的能量。这种方法和实际应用的情况比较相近,但这种方法也有其缺点,因不同材料产生裂痕所需能量不同,实验时,如果球的重量不变,则需在不同高度下进行实验。因此不同材料是在不同的落球速度下进行比较的。落重冲击法由于装置较复杂,只适用于片材和薄膜类材料。

在高速(>500 mm/min)情况下拉伸试样,电子拉力机记下应力-应变曲线,计算此曲线下的面积就是试样冲击破裂时所需的能量,以此来衡量材料的冲击韧性是比较好的方法。在高速拉伸冲击实验中,可以单独测量高速拉伸时的断裂强度与断裂伸长率,这样能够区分断裂伸长率低而断裂强度大的材料和断裂伸长率大而断裂强度低的材料。因此,可以根据断裂伸长率、断裂强度和应力-应变曲线下的面积这三者来判断材料的冲击性能,把强度和韧性二者区别开来。对于那些断裂所需能量(冲击强度)相近的材料,断裂强度大同时断裂伸长率较高的材料才是冲击性能好的材料。

三、原料与设备

本实验试样采用注塑成型的聚丙烯(PP)标准 B 型缺口试样(5 个),要求表面平整,无气泡、裂纹、分层、伤痕等缺陷,试样缺口处应无毛刺。

实验设备为 ZBC1400-2 型摆锤冲击实验机,如图 2-16 所示。

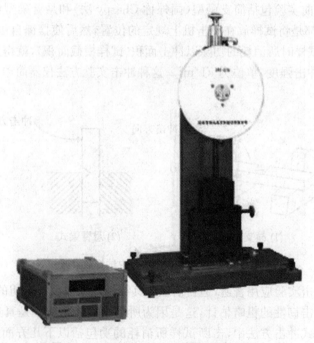

图 2-16　ZBC 1400-2 型摆锤冲击实验机

四、实验步骤

1. 调节实验环境并按标准要求对试样进行预处理;

2. 选择简支梁支座并将其安装在支架上,用支座跨距找中块进行支座的跨距调整;

3. 根据试样材料的性能选择适当量程的摆锤。将摆锤插头上的缺口对准摆轴上的轴台,用力插入摆轴小直径处,然后往左推,使插头端面与轴肩靠紧,再把插头上的螺钉拧紧;

4. 在确认仪表的电源连线和信号连线连接无误后,按下控制盒后面的电源开关,使系统通电,约2秒钟后,液晶显示屏上显示正常,否则应检查电气系统是否有故障;

5. 用手逆时针旋转摆锤顶上的旋转手柄,使旋转手柄弹起。然后用右手将摆锤逆时针扬到底,左手按下旋转手柄顺时针旋转到底,使摆杆上的挂钩被旋转手柄所控制的挂钩很牢靠地挂住,同时使微动开关动作;

6. 先将试样缺口方向向左放在两支座平面上,然后左手拿试样对中块把手,从试样左侧平行插入,使试样对中块的对中部分与试样缺口相吻合,用右手移动试样,使试样对中块板的对中部分靠紧试样缺口,右手向左顶压试样,使试样左端紧靠两钳口,将试样对中块移开,右手轻轻脱离试样;

7. 在控制面板的"设置界面"中设置试样的相应参数;

8. 放摆冲击,左手将旋转手柄逆时针旋转到底并迅速松开,旋转手柄会迅速自动弹起,导致微动开关动作,示值自动清零、复位,摆锤将顺时针落下打击试样;

9. 试样破断后显示窗口左侧显示试样的冲击吸收功,右侧显示试样的冲击强度。完成同批试样冲击后,打印平均值。

五、注解

1. 摆锤式冲击实验机基本原理

摆锤冲击实验机基本构造有三部分,即机架部分、摆锤冲击部分和指示系统部分。其基本原理是把摆锤抬高置挂于机架的扬臂上,此时扬角为 α,如图 2-17 所示,它便获得了一定的位能(U_h)。当摆锤自由落下,则位能转化为动能将试样冲断,冲断试样消耗的能量为 U_f。冲断试样后,摆锤仍以剩余能量升到(升角为 β)某一高度,此时的位能为 U'_h。在整个冲击实

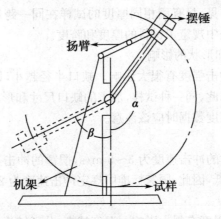

图 2-17 摆锤式冲击实验机工作原理

验过程中,按照能量守恒可写出如下关系:

$$U_h = U_f + U'_h + U_a + U_m + U_i \tag{1}$$

式中:U_a 是摆锤在 α 角和 β 角段内克服空气阻力消耗的能量;U_m 是冲击时设备振动所吸收

的能量；U_i是试样冲断后的飞出功，$U_i=\frac{1}{2}mv^2$。

若U_a，U_m和U_i可忽略不计，则(1)式变为

$$U_h=U_f+U'_h \tag{2}$$

因为

$$U_h=wl(1-\cos\alpha) \tag{3}$$

$$U'_h=wl(1-\cos\beta) \tag{4}$$

所以

$$U_f=wl(\cos\beta-\cos\alpha) \tag{5}$$

式中：w是冲击锤重量；l是冲击锤的摆长。由(5)式求出U_f值，再除以冲断处的截面积，即是材料的冲击强度。

摆锤冲击实验原是用来评价金属材料延展性的，借用来测试高分子材料的冲击强度，存在某些不足。主要是(1)式的后三项被忽略不计，而冲击实验机的读数是按(5)式标定的。所以从读数盘上所读出的冲断试样所消耗的能量，不仅包括使试样产生裂纹和裂纹扩展消耗的能量以及使试样断裂产生永久变形的能量，而且还包括U_a，U_m和U_i，而这部分能量与材料的韧性毫无关系，可有时竟占相当大的比例，尤其是飞出功。例如，PMMA标准试样的飞出功有时可达冲断试样消耗能量的50%左右。所以，冲击强度不是材料的基本性能参数，而是在特定实验条件下的一个相对的韧性指标。只有在标准试样相同，又在相同实验条件下测定的冲击强度数据，才具有工程使用意义上的可比性，才能用以判别高分子材料的脆-韧转变。

2. 影响冲击实验的因素

(1) 试样厚度和跨度的影响

同一种配方、同一成型条件而厚度不同的塑料作冲击实验时，就会发现不同厚度的试样在同一跨度上作冲击实验，以及相同厚度的试样在不同跨度上实验，所测得的冲击强度均不相同。可以发现：同一试样的厚度越大，冲击强度值越高；而在相同的试样厚度下，跨度越大，冲击强度值也越高。可见，只有用相同厚度的试样在同一跨度上实验，其结果才能相互比较，因此在标准实验方法中规定了材料的厚度和跨度。

(2) 试样缺口的大小和形状的影响

缺口的深度、形状对冲击强度有很大影响。缺口半径越小，即缺口越尖锐，则应力越易集中，冲击强度就越低。因此，同一种试样，加工的缺口尺寸和形状不同，所测得冲击强度数值也不一样，在比较冲击强度数据时应该注意。

(3) 冲击速度的影响

通常，冲击实验机摆锤的冲击速度为3～5 m/s，摆锤的冲击速度高时，冲击强度的数值均随冲击速度的增加而降低，因此，国家标准中规定冲击速度为2.9 m/s或3.8 m/s。

(4) 温度、湿度的影响

测定时的温度对冲击强度有很大影响。温度越高，分子链运动的松弛过程进行越快，冲击强度越高。相反，当温度低于脆化温度时，几乎所有的塑料都会失去抗冲击的性能。当然，结构不同的各种聚合物，其冲击强度对温度的依赖性各不相同。热塑性塑料的冲击强度对温度的依赖性很大，在玻璃化温度附近，冲击强度随温度升高而显著提高。如聚氯乙烯板材在10～25℃时，冲击强度数值较低，而在30～60℃时数值急剧增大。热固性塑料的冲击

强度随温度的变化较小,一般在−80~200℃之间冲击强度变化不大。

湿度对有些塑料的冲击强度有很大影响,如尼龙类塑料,特别是尼龙 6、尼龙 66 等在湿度较大时,其冲击强度,更主要的是韧性大为增加,而在绝干状态下几乎完全丧失冲击韧性,这是因为水分在尼龙中起着增塑剂和润滑剂的作用。

3. 缺口试样简支梁冲击强度 σ_k 计算

缺口试样简支梁冲击强度 σ_k 按下式计算,

$$\sigma_k = \frac{A_k}{b \cdot d_k} \tag{6}$$

式中:σ_k 为缺口试样的冲击强度(kJ/m²);A_k 为从显示窗口中读取的冲击吸收功的数值(缺口试样所消耗的功)(kJ);b 为试样宽度(mm);d_k 为缺口试样缺口处剩余厚度(mm)。

六、安全提示

摆锤举起后,人体各部分都不要伸到重锤下面及摆锤起始处,冲击实验时注意避免样条碎块伤人。

七、实验前预习的问题

1. 了解 ZBC1400‐2 型摆锤冲击实验机的结构、操作规程及注意事项。
2. 了解测定冲击强度的影响因素。

八、思考题

1. 在实验中哪些因素会影响测定结果?
2. 缺口试样与无缺口试样的冲击实验现象有何不同,哪些试样材料应采用缺口试样?
3. 为什么注射成型的试样往往比模压成型的试样冲击强度测试结果偏高?

实验八　高分子材料表面张力测定

一、实验目的

了解接触角法测定固体表面张力的基本原理;熟悉表面接触角测定仪的操作方法;掌握用躺滴法测定接触角的实验过程。

二、实验原理

固体聚合物的表面张力或表面能在研究聚合物的某些实际应用中,如黏合、吸附、涂层、印刷和摩擦等方面,有重要的参考价值。但是,固体聚合物不能像聚合物液体或熔体那样,通过直接测定的方法得到相应结果,只有借助于与固体聚合物有关系的一些间接方法来推算。也就是说,固体聚合物的表面张力只能间接测定,较简便的方法就是测定接触角,测定已知表面张力的不同液体在固体聚合物表面的接触角经过数据处理而求得固体聚合物的表面张力。

接触角(θ)的定义是液滴放在理想平面上,若有一相为气体,气液界面与固液界面之间的夹角,如图 2-18 所示。

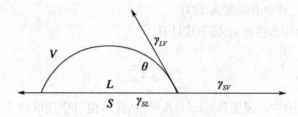

图 2-18　液滴在固体表面上的接触角

Young 方程给出三个界面张力与接触角的关系为

$$\gamma_{SV} = \gamma_{SL} + \gamma_{LV}\cos\theta \tag{1}$$

式中:γ_{SV},γ_{SL},γ_{LV} 是与液体饱和蒸汽平衡时,固-气、液-固、气-液界面张力(或表面自由能),如图 2-18 所示。设 π_e 是由于吸附了液体饱和蒸汽而引起的固体表面自由能的下降,即

$$\pi_e = \gamma_S^0 - \gamma_{SV} \tag{2}$$

式中:γ_S^0 是固体在真空中的表面自由能。

固-液界面黏附功为

$$W_a = \gamma_{SL} - \gamma_{SV} - \gamma_{LV} = \gamma_{LV}(\cos\theta + 1) \tag{3}$$

Young 方程的应用条件是理想表面,即指固体表面是组成均匀、平滑、不变形(在液体表面张力的垂直分量作用下)和各向同性的。只有在这样的表面上,液体才有固定的平衡接触角,Young 方程才可应用。虽然严格而论这种理想表面是不存在的,但只要精心制备,可以使一个固体表面接近理想表面。

Fowkes 的理论认为有机化合物的表面张力主要是由表面张力的色散分量 γ^d 和极性分量 γ^p 构成,即 $\gamma = \gamma^d + \gamma^p$,同理,有:$W_a = W_a^d + W_a^p$。

运用调和平均法,经过一系列近似,得到

$$W_a^d = \frac{4\gamma_L^d \gamma_S^d}{\gamma_L^d + \gamma_S^d} \tag{4}$$

$$W_a^p = \frac{4\gamma_L^p \gamma_S^p}{\gamma_L^p + \gamma_S^p} \tag{5}$$

所以

$$\gamma_L(\cos\theta + 1) = 4\left(\frac{\gamma_L^d \gamma_S^d}{\gamma_L^d + \gamma_S^d} + \frac{\gamma_L^p \gamma_S^p}{\gamma_L^p + \gamma_S^p}\right) \tag{6}$$

选用两种已知表面张力 γ_1、γ_2 的不同液体,分别测出它们在固体聚合物上的接触角 θ_1 和 θ_2,代入式(6)则得:

$$\gamma_1(\cos\theta_1+1)=4\left(\frac{\gamma_1^d\gamma_S^d}{\gamma_1^d+\gamma_S^d}+\frac{\gamma_1^p\gamma_S^p}{\gamma_1^p+\gamma_S^p}\right) \tag{7}$$

$$\gamma_2(\cos\theta_2+1)=4\left(\frac{\gamma_2^d\gamma_S^d}{\gamma_2^d+\gamma_S^d}+\frac{\gamma_2^p\gamma_S^p}{\gamma_2^p+\gamma_S^p}\right) \tag{8}$$

解得 γ_S^d、γ_S^p，从而求得固体聚合物的表面张力：

$$\gamma=\gamma_S^d+\gamma_S^p \tag{9}$$

三、原料与设备

本实验试样为 PE、PTFE、PVC 等高分子材料。测试液选用水和二碘甲烷。

实验设备为 SL200B 接触角仪，如图 2-19 所示。

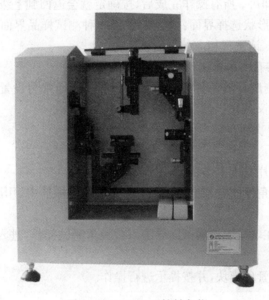

图 2-19　SL200B 接触角仪

四、实验步骤

1. 准备

(1) 接好电源插头。

(2) 打开控制箱的电源开关，指示灯亮，打开灯源开关，主机上灯源可以见到绿光。

(3) 换上 30× 物镜。

(4) 打开主机水平调准泡压盖，旋转 3 个地脚钉，使仪器保持水平，拿开工作台外罩，将水平仪器置于工作台面上，调节工作台的三个旋钮使工作台保持水平。

(5) 打开接触角仪测试软件系统 CAST2.0。程序启动后，会出现一个测试欢迎界面，欢迎界面出现后，软件会自动进入测试主界面。

(6) 测试主界面包括 4 项功能，选择测试向导进入接触角测试操作，进入图像来源选择功能模块。继续按下一步，则会进入接触角测试向导中的测试报告管理模块。如果想新建一个报告，则选择"新建一个测试报告"，新建的测试报告时间系统会自动生成。

A 输入报告名称：建议为样品名加测试液体名。如"蒸馏水对塑料 PVC 的接触角"等。

B 输入测试单位。

C 输入测试样品名称：如果多个样品，则最好在测试报告名称中列出。此处写最主要的测试样品的名称。如果想往原来的测试报告中添加测试数据，请选择"添加到存在的测试报告中"。

(7) 校正镜头，计算像素大小：调整光圈和焦距，使成像效果能够基本符合要求。针管直径通常为 0.5 mm，可以从针管直径处选择，也可以直接输入，按"测量"，完成自动计算像素率的功能。

(8) 针管校正：如果两条红色线与针头没有保持一致，请调整两条红色线，即用鼠标选取某根红线，此时，红色线会显示出蓝色。用键盘左右键移动选中的线，直至保持一致为止。完成后，按"自动计算"即可。所有操作完成后，按确定就会返回到上级操作界面。

(9) 测试样品表面形状选择界面：本实验提供 4 种测试样品界面，如果测试样品不符合水平面测试样品的要求，请选择相应的平面类型。

(10) 测量方法：共有 4 种方法，选择最常用的悬滴法。

(11) 测试液体及测试环境条件设置界面：标准环境通常为设置好的蒸馏水的测试环境，其余液体选择"自定义环境"，并从液体库中选出一项即可。

(12) 测量模式：单次测量。

2. 测定

(1) 将试样聚乙烯片置于工作台上，用弹簧板压紧。

(2) 将针管从接触角仪固定架上取下，并吸取水到进样器中，用脱脂棉擦拭干针头，固定回接触角仪架子上。

(3) 准备完毕后，在电脑上按测试向导进入接触角测试操作，进入图像来源选择功能模块并按提示进行操作。

(4) 进入测试报告管理模块，并按提示进行操作。

(5) 读取接触角。

(6) 将液体换成二碘甲烷，测其在聚乙烯上的接触角。

(7) 将聚乙烯试样换成其他样品，分别测定水、二碘甲烷在其上的接触角。

五、注解

1. 读取接触角方法

(1) 移动目镜中十字线作液滴的切线，目镜中的角度就是接触角 θ。

(2) 取液滴圆弧上的中心点读取这个角，这个角的 2 倍就是接触角 θ（几何定理可证明）。

(3) 方法：

① 先转动目镜刻线的两条十字线与液滴两侧相切。

② 工作台上移，使目镜中的圆心与液滴的顶点重合。

③ 转动目镜的十字线，使它通过液滴的顶点、圆弧和平面的两个交点，这时在目镜中读出的角度的 2 倍即为接触角。

2. SL200B 接触角仪

接触角测定仪器由六部分组成,分别为显微镜和照明系统、试样工作台(包括加热炉)、主机、控制箱、液滴调整器和照相系统。

(1) 显微镜和照明系统

显微镜由目镜、物镜组成,使用中所需不同放大倍数(30×、50×、100×、150×)是分别更换 3×、5×、10×、15× 不同倍数的物镜来获得,目镜中有可转动的十字分划板、固定分划板和角度盘。利用十字分划板上的水平线和垂直线上半部分刻有等分的尺寸线,可以直接读出液滴的直径和高度。

自动角度盘上刻有 360 等分的角度线是用来测量液滴角度的,固定分划板有 0~60 的 12 条游标刻线是用来读出精确到 5′ 的角度值。

照明系统由光源、左右光栏、滤色镜、聚光镜、宽度调节等组成。

(2) 试样工作台

由上下滑动体、左右滑动体、加热炉、试样台、压紧螺钉和弹簧组成。

(3) 主机

包括底座、横向和纵向调节滑座、立轴可逆电机、变速齿轮。

(4) 控制箱

包括电源开关、XCT-102 温度调节器、电路系统的电源、宽度调节、温度控制系统和立轴的正反转动开关等。

(5) 液滴调节器

包括注射器、注射器固定装置、弹簧、测微夹。

(6) 照相系统

根据需要可装上照相机物镜、照相机。

3. 水、二碘甲烷的表面张力

水、二碘甲烷的表面张力见表 2-6。

表 2-6　水、二碘甲烷的表面张力

液体	表面张力(20℃,10^{-3}N/m)		
	γ	γ^d	γ^p
水	72.8	22.1	50.7
二碘甲烷	50.8	44.1	6.7

4. 接触角测定的影响因素

(1) 接触角滞后的影响

通常,液滴体积在一定程度内发生增大或缩小的变化不会影响液滴底面面积的变化,只有液滴的曲面发生变化才会影响接触角的变化,接触角变大后称为前进接触角,接触角缩小后称为后退接触角,前进接触角与后退接触角之差值,则称为接触角的滞后。接触角的滞后对接触角的测量带来较大的影响,使得接触角所测值的重现性不好。产生接触角滞后的原因除了液膜的弹性外,还有固体表面粗糙不平与表面组成不均匀、表面受到污染和表面的不流动性等。

（2）固体表面粗糙度的影响

固体表面及本体内部的原子排列都是固定的，不能随意自由移动。固体表面有种种缺陷，因而表面能也是不均匀的，而且固体表面的微观形貌总是高低不平的。研究表明，当接触角＞90°时，表面粗糙化将使接触角变大；接触角＜90°时，表面粗糙化将使接触角变小。

（3）空气相对湿度的影响

四溴乙烷液体滴到石英片上，当空气的相对湿度从40％变化到80％时，接触角会引起15°～25°的变化。在一固定的环境下，相对湿度在一天之内发生这样的变化是完全可能的，在不同的日期或不同的地点，引起这样的湿度变化可能性会更大。当空气的湿度达到饱和程度时，发现测得的四溴乙烷与玻璃表面的接触角为36°，与石英的接触角为37°，与石膏的接触角为37°，与云母的接触角为39°，与天青石的接触角为38°，也即空气、四溴乙烷和固体之间的接触角和固体表面的本性没有太大的关系。其原因是在饱和湿度下，固体表面吸附的水蒸气膜足以掩盖固体表面本身的特性。

（4）固体表面不均匀性的影响

固体表面的不均匀性或多相性会造成接触角的滞后。例如，固体表面的各部分对液体的相互作用力不同，则与液体相互作用力弱的那部分固体表面测出的是前进接触角，而与液体相互作用力强的那部分固体表面，测出的是后退接触角。不同材料组成的复合表面，对接触角也有类似的影响。

（5）表面污染的影响

无论是液体还是固体表面的污染，对接触角均会有影响。例如，水对非常清洁的玻璃或某些金属表面是完全能够润湿的，这时的接触角为零或趋近于零。若玻璃表面上沾染了油污，与水接触时，则大部分油将在水面上展开成油膜，而使接触角发生变化。表面的污染，往往是由于液体或固体表面的吸附作用引起，从而使接触角发生变化。由此可以设想，使用不干净的仪器或用手指触摸了试样，都会影响接触角测定的准确性。同一种固体，表面经不同的预处理或是结晶条件不同，也会影响接触角。

由于影响接触角的因素很复杂，在测定时要考虑上述因素的影响，尽可能控制测定环境的温度、湿度、液体的蒸汽压、液体与固体的清洁度和试样表面的粗糙度等。

5. 润湿现象

液体和固体接触时，常常会发现有些液体能润湿固体，有些不能润湿。把水滴在玻璃板上，水会沿板面铺展开来，说明水能润湿玻璃。把水银滴在玻璃板上，水银会缩成珠滴，很容易在玻璃板上滚动，说明水银是不能润湿玻璃的。润湿是在日常生活和生产实际中，如洗涤、矿物浮选、印染、油漆的生产和使用、黏结、防水及抗黏结涂层等最常见的现象之一。在所有这些应用领域中，液体对固体表面的润湿性能均起着极为重要的作用。实际上，润湿的规律是这些应用的理论基础。从理论上讲，润湿现象为研究固体表面（特别是低能表面）自由能、固-液界面自由能和吸附在固-液界面上分子的状态提供了方便的途径。

同一液体能润湿某些固体的表面，而不能润湿另外一些表面。例如，水能润湿清洁的玻璃表面，但不能润湿石蜡的表面。这不仅是和固体的表面性能有关，更重要的是和液体与固体两种分子的相互作用有关。所以，润湿本质上是由液体分子与固体分子之间的相互作用力（黏附力）大于或小于液体分子本身相互作用力（内聚力）而决定的。原则上，液体与固体分子之间相互作用力大于液体本身分子相互作用力，则发生润湿；液体分子与固体分子之间相互作用力小于液体分子本身的相互作用力,则不发生润湿。

六、实验前预习的问题

1. 理解接触角和表面张力的概念。
2. 了解影响接触角测定的主要因素。
3. 解(7)、(8)式所组成的非线性方程组。

七、思考题

1. 表面张力测定在高分子研究中有哪些应用?
2. 测定接触角的其他方法有哪些?

实验九　高阻计法测定高分子材料的体积电阻率和表面电阻率

一、实验目的

掌握高分子材料体积电阻率和表面电阻率的测试方法;了解高分子材料产生电导的物理本质及特点;掌握影响高分子材料电阻率的主要因素。

二、实验原理

电阻和电阻率是重要的电学基本量,也是材料的主要电气参数之一,作为绝缘材料的电阻称为绝缘电阻。通常所说的电阻值是指直流电阻值,即在材料两端施加一直流电压 U 与其通过的稳态电流 I 之比值,稳态电流 I 由两部分构成,即表面电流 I_s 和体积电流 I_v,相应地有表面电阻 R_s 和体积电阻 R_v,即

$$R_s = \frac{U}{I_s} \tag{1}$$

$$R_v = \frac{U}{I_v} \tag{2}$$

材料的电阻与材料的尺寸大小和形状有密切关系,阻值大小并不能反映出材料本身的特性,因而不能作为材料的电性能参数,故引入电阻率概念。电阻率是单位长度上所承受的直流电压(即直流电场强度 E)与单位面积所通过的稳态电流(即电流密度 J)之比,与材料尺寸、形状无关。相应地,体积电阻率 ρ_v 就是沿着体积电流方向的直流电场强度 E_v 与稳态电流密度 J_v 之比,即

$$\rho_v = \frac{E_v}{J_v} \tag{3}$$

体积电阻率的单位为欧姆·米($\Omega \cdot m$),它在数值上等于每边为一米的正方体材料两对面间的体积电阻。同样,表面电阻率 ρ_s 是沿材料表面电流方向的直流电场强度 E_s 与单位宽度通过的表面电流 a 之比,即

$$\rho_S = \frac{E_S}{a} \tag{4}$$

表面电阻率的单位为欧姆（Ω），它在数值上等于一正方形两对边间的表面电阻。需要指出的是，表面电阻率在很大程度上取决于材料的表面状态。当表面吸附着杂质和水分时，将明显影响表面电阻率的大小，而且测量表面电阻时很难完全避免体积电流的影响，因此，通常都以体积电阻率作为衡量材料导电性能的主要参数。

电阻率测定一般采用高绝缘电阻测量仪（高阻计），其工作原理如图2－20所示。

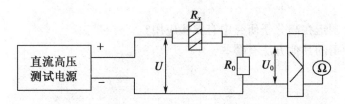

图2－20　高阻计工作原理

U—测试电压；R_0—取样电阻，其上电压为U_0；R_X—被测试样的绝缘电阻

测试时，被测试样与高阻抗直流放大器的输入电阻"R_0"串联并跨接于直流高压测试电源上。高阻抗直流放大器将其输入电阻上的分压讯号经放大后输出至显示器，由显示器直接读出被测绝缘电阻值。

$$R_X = \frac{U}{U_0} R_0 \tag{5}$$

三、原料与设备

本实验试样采用注塑成型的聚丙烯圆片试样，大小为 φ100 mm，厚度为(2±0.2)mm。试样外观要求表面平滑、无杂质和裂纹，试样表面用纱布蘸少量溶剂擦拭干净。实验前，试样应在温度为(20±5)℃，相对湿度为(65±5)％的环境下放置16 h以上。

电阻率测定采用YH－8200型高绝缘电阻测量仪。仪器面板功能键布局见图2－21。

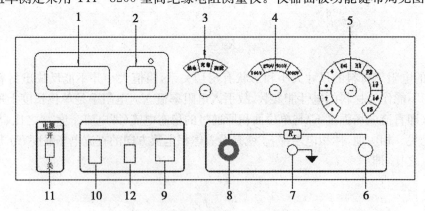

图2－21　YH－8200型高绝缘电阻测量仪面板功能键布局图

1."测试电阻"显示器　2."时间"显示器　3."方式选择"开关　4."电压选择"开关
5."电阻量程选择"开关　6."输入"端　7."接地"端　8."高压输出"端　9."时间"设定拨盘　10."定时"设定开关　11."电源"开关　12."分/秒"时间单位设定开关

四、实验步骤

1. 样品和仪器连接

本实验采用三电极系统测量 R_V 和 R_S,见图 2 – 22。按图 2 – 22 将被测材料的试样置于电极箱内,将箱内红色鳄鱼夹夹住测量电极,黑色鳄鱼夹夹住保护电极(电极之间千万不能互相接触,否则将损坏仪器)。测试试样体积电阻时,电极箱上的选择开关置于 R_V,此时箱内三电极的状态如图(a)。测试试样表面电阻时,电极箱上的选择开关置于 R_S,此时箱内三电极的状态如图(b)。

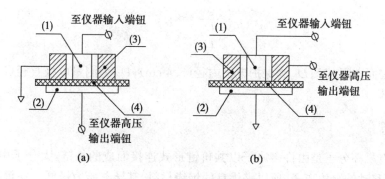

图 2 – 22 三电极系统连接方式
图中:(1) 测量电极;(2) 高压电极;(3) 保护电极;(4) 被测试样

2. 操作步骤

(1)"电源开关"置于"关"的位置。

(2)"额定电压选择"开关置于所需要的电压挡(一般额定电压为 100 V)。

(3)"方式选择"开关置于"放电"位置。

(4)"电阻量程选择"开关置于:

① 当被测物的阻值为已知时,则选相应的挡。

② 当被测物的阻值为未知时,则选 $10^6\ \Omega$ 的挡。

(5)"定时"设定开关置于"关"的位置。

(6)接通电源,合上电源开关,电源指示灯亮,仪器预热 10 min。

(7)将"方式选择"开关置于"测试"位置,即可读数;如用定时器时,可将"定时"设定开关置于"开"的位置,待到达设定时间,即可自动锁定显示值。在进行下一次测试前,需将"定时"设定开关置于"关"的位置。在测试绝缘电阻时,可能会发现显示值有不断上升的现象,这是由于介质的吸收现象所致,若在很长时间内未能稳定,在一般情况下是取其测试开始后 1 min 时的读数,作为被测物的绝缘电阻值。

3. 数据处理

根据以下公式计算高分子材料的 ρ_V 和 ρ_S(推导从略)。

(1)体积电阻率 ρ_V(Ω·cm)

$$\rho_V = R_V \frac{A_e}{t} \tag{6}$$

$$A_e = \frac{\pi}{4}(D_1 + g)^2 = 21.237 \, (\text{cm}^2) \tag{7}$$

式中：R_V 为体积电阻（Ω）；t 为被测试样厚度（cm）；D_1 为测量电极直径（5 cm）；g 为测量电极与保护电极间隙（0.2 cm）；π 为圆周率（3.141 6）。

(2) 表面电阻率 ρ_S（Ω）

$$\rho_S = R_S \frac{2\pi}{\ln \frac{D_2}{D_1}} \tag{8}$$

$$\frac{2\pi}{\ln \frac{D_2}{D_1}} = 81.6$$

式中：R_S 为表面电阻（Ω）；D_2 为保护电极内径（5.4 cm）；D_1 为测量电极直径（5 cm）；π 为圆周率（3.141 6）。

五、注解

大多数有机高分子是由许多原子以共价键形式连接而成的长链，大分子中没有自由电子，也没有可移动的自由离子，所以是优良的绝缘材料，其导电能力极低。一般认为，高分子材料的主要导电因素是由杂质离子所引起的，称为离子电导。离子主要来自合成和加工时所带入的杂质，包括原材料中的杂质，引发剂和催化剂的残渣，填料中的杂质，含氢键聚合物中的 H^+ 等等。此外，测试所用的金属电极也可能提供离子。离子电导的特点是电导随温度升高而增大，可用 Arrhenius 方程描述：

$$\sigma = A\exp\left(-\frac{E_\sigma}{RT}\right) \tag{9}$$

式中：E_σ 为离子导电活化能；T 为绝对温度；A 为指前因子（常数）；R 为气体常数。

高分子材料中的另一种导电形式是电子导电。因为高分子主链共价键（σ 键）中的价电子对被紧密束缚在两个原子核周围，其禁带宽度很宽，例如聚乙烯的禁带宽度达到 5 eV。根据能带理论，在正常情况下，电子无法跃迁至导带而参与电导。因此，对大多数高分子材料而言，在通过其中的电流中电子性电流所占的比例极少。然而，若大分子主链为共轭体系时，则分子轨道中的 π 电子可在整条分子链内非定域化，因此有可能具有电子电导性。但是，实际上用一般方法（自由基聚合或离子聚合）制得的产品，例如聚乙炔仍然是绝缘体。原因之一是不能保证大分子在一个平面上，结晶不完善（非晶或半结晶状态），所以电子非定域化范围很小；另一原因是电子难以在分子间跃迁。因此要实现电子电导，共轭的大分子主链必须处于结晶完善的晶体中，而且应提供便于电子在分子间跳跃的"桥"，掺杂剂（例如聚乙炔中加入碘）就是这种"桥"。从固体能带理论的观点出发，可以认为掺杂剂的加入相当于降低了高分子的禁带宽度，从而导致高分子具有半导体或导体的导电性。

一般而言，离子电导和电子电导在高分子材料中同时存在，究竟以何种电导为主，可从两类电导的不同性质来判断：电子电导常随温度升高而下降，随压力、结晶度提高而上升，对各种辐照作用比较敏感；离子电导则正好相反，且在导电过程中往往伴随着物质的迁移

（例如放出氢气等）。其中以电导与压力的关系在鉴别电导机理方面最为有用，压力增加使分子间距离缩短，使电子在分子间跃迁或通过隧道效应导电的概率大大提高；但是压力增加使分子间自由体积缩小，不利于离子的迁移，因此电子电导增大而离子电导减小。

当聚合物被施加直流电压时，流经聚合物的电流最初随时间而衰减，最后趋于平稳。其中包括了三种电流，即瞬时充电电流、吸收电流和漏导电流，见图 2-23。

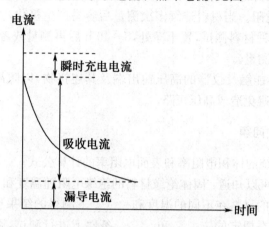

图 2-23　流经聚合物的电流与加上电压时间的关系

（1）瞬时充电电流　是聚合物在加上电压的瞬间，电子、原子被极化而产生的位移电流，以及试样的纯电容性充电电流。其特点是瞬时性，开始很大，很快就下降到可以忽略的地步。

（2）吸收电流　是经聚合物的内部且随时间而减小的电流。它存在的时间大约几秒到几十分钟。吸收电流产生的原因较复杂，可能是偶极子的极化、空间电荷效应和界面极化等作用的结果。

（3）漏导电流　是通过聚合物的恒稳电流，其特点是不随时间变化。通常是由杂质作为载流子而引起。这种漏导电流正是我们所需要测量的电流，它反映了高分子材料绝缘性能的优劣。

由于吸收电流的存在，在测定电阻（电流）时，要统一规定读取数值的时间（如 1 min）。另外，在测定中，通过改变电场方向反复测量，取平均值，以尽量消除电场方向对吸收电流的影响所引起的误差。

环境湿度对 ρ_S 测定影响很大，在干燥清洁的表面上，几乎可以忽略，但一有可导电的杂质，ρ_S 迅速减少。当有水存在时，水迅速沾污（如可吸收 CO_2）而导电，有裂缝时影响就更明显。对于 ρ_V 而言，非极性聚合物难于吸湿，影响不大，但对于极性聚合物，吸湿后由于水可使杂质离解，因而电导增大；当材料含有有孔填料（如纤维等）时，影响更大。一般来说，湿度对极性聚合物的影响比非极性聚合物的大，对无机物的影响也较有机物的大。因而对电阻的测定，规定了在一定的湿度环境中进行。

六、安全提示

1. 实验前务必详阅仪器使用说明书，并遵照指示步骤，依次操作。

2. 接到仪器输入端的导线必须用高绝缘屏蔽线（绝缘电阻应大于 $10^{17}\,\Omega$），其长度不应超过 1 m。

3. 本实验仪器一般情况下不能用来测量一端接地试样的绝缘电阻。

4. 每完成一个试样的测试后,务必先将方式选择开关拨向放电位置,几分钟后方可取出试样,以免受测试系统电容中残余电荷的电击。

5. 在进行体积电阻和表面电阻测量时,应先测体积电阻再测表面电阻,反之则会因材料被极化而影响体积电阻。当材料连续多次测量后容易产生极化,会使测量工作无法进行下去,这时须停止对这种材料测试,置干净处,8～10 h 后再测量或者放在无水酒精内清洗,烘干,等冷却后再进行测量。

6. 测试时,人体不能触及仪器的高压输出端及其连接物,以防高压触电危险。同时仪器高压端也不能碰地,避免造成高压短路。

七、实验前预习的问题

1. 推导三电极系统的体积电阻率和表面电阻率的计算公式。

2. 从电介质物理可以知道:固体绝缘材料的绝缘电阻随温度和_____的升高而按指数规律下降。因此,同样的材料在不同的温度和_____下测得的结果也是不相同的。为了有正确的比较标准,必须在规定的_____和_____条件下进行测试,否则,测试结果不可靠。例如有些高分子材料,当温度从 25℃升高到 100℃时,绝缘电阻会改变 5 个数量级;当相对湿度从 25% 增加到 90% 时,绝缘电阻可改变 6 个数量级。因此,试样在实验前要进行正常化处理或称预处理。我国规定的常态实验条件为:温度_____℃,相对湿度_____%。

3. 在测试高分子材料的绝缘电阻时,为什么要规定在加上测试电压 1 min 后读数?

八、思考题

1. 试样尺寸大小对测试结果有何影响?

2. 高分子的电阻率温度依赖关系与金属的有何不同? 为什么?

3. 高分子的分子结构和聚集态结构与材料的体积电阻率和表面电阻率之间有何关系?

实验十 聚合物的热失重分析

一、实验目的

掌握热重分析仪的结构、原理和使用方法;测定聚合物试样的热重曲线,并计算有关的热失重参数。

二、实验原理

热重法(Thermogravimetry,简称 TG)又称热失重法,其定义是:程序控温下,测量物质的质量与温度关系的技术。热失重分析仪的核心部件是热天平,其工作原理如图 2 - 24 所示。热天平和常规分析天平主要的差别是它能自动、连续地进行动态称量与记录,并在称量过程中按一定的温度程序改变试样的温度,可以控制和调节试样周围的气氛。一般采用试样皿位于称量机构上面的零位型天平(上皿式),即试样在刀线上方,通过吊钩、吊环和两副边吊带与横梁活动连接,两副边吊带支撑横梁,可以灵活地自由转动。天平在加热过程中试样无质量变化时仍能保持初始平衡状态,而有质量变化时,天平失去平衡,位移传感器(电磁或光电检测)立即检测并输出天平失衡信号,经放大后驱动平衡复位器,改变平衡复位器中的电流,使天平重新回到平衡点即零点。通过平衡复位中的线圈电流与试样的质量变化成正比,因此记录电流的变化可得到试样在加热过程中质量变化的信息。

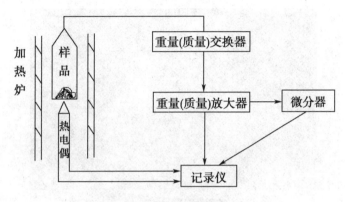

图 2-24　热失重分析仪工作原理

原始记录得到的是试样质量与温度(或时间)关系曲线,即 W-T(或 t)曲线,称为 TG 曲线。为了更好地分析热重数据,有时希望得到热失重速率曲线,此时可通过仪器的重量微商处理系统得到微商热重曲线,称为 DTG 曲线。一般来说,TG 曲线横坐标为温度或时间,从左到右表示增加,纵坐标为质量或失重率,从上至下表示减少,典型 TG 曲线如图 2-25 所示。材料的失重百分率为:

$$失重(\%) = [(W_0 - W_1)/W_0] \times 100\% \tag{1}$$

式中: W_0 为原始试样质量(mg); W_1 为 TG 曲线上重量基本不变的平台部分相应质量(g)。

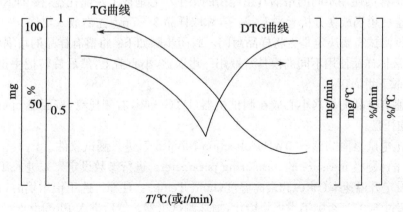

图 2-25　热重曲线示意图

热重法广泛应用于各种材料热稳定性的评价,如无机物、有机物和聚合物的热分解、氧化稳定性,聚合物和共聚物的热氧化裂解及热氧化的研究等。由于其灵敏度高,样品用量少等特点,热重法在高分子材料的组成分析、热稳定性的测定、氧化或分解反应动力学研究、放出低分子化合物的缩聚反应研究以及材料的老化性能测定等方面有着其他测试手段不可替代的重要作用。

三、实验仪器及样品

岛津 DTG-60 差热-热重同步分析系统,设备如图 2-26 所示。

聚丙烯,尼龙 6。

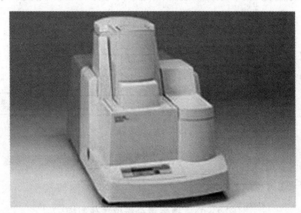

图 2-26　岛津 DTG-60 差热-热重同步分析系统

四、实验步骤

1. 开通电源后,首先打开变压器开关,然后依次打开测试机器(DTG-60)、分析器(TA-60WS)开关和电源。

2. 如果需要通入氮气保护,打开钢瓶开关,然后打开流量控制开关(FC-60A),调节旋钮到合适的气体流量。不需要保护气,则直接进行下一操作。

3. 按测试机器(DTG-60)面盘上的 open/off 键,等机器停止上升后,选用一空白坩埚(固体和液体样品使用不同的坩埚),用专用的镊子小心地放上左侧托盘,按 ZERO 键调零。

4. 将空白坩埚放在分析天平上,调零,称取样品 3～5 mg 左右放入坩埚。

5. 根据测试需要决定是否将样品封闭。封闭步骤如下:将盛有样品的坩埚放在压盖器上(固体和液体样品使用不同的模具),取用一坩埚盖,小心盖上,然后旋转把手至适当压力,松开把手,取下坩埚。

6. 将盛有样品的坩埚小心放在测试机器(DTG-60)右侧托盘,按面盘 open/off 键,机器下降盖住托盘。

7. 点击电脑桌面"TA-60WS Collection Monitor",进入测试软件。

8. 点击标题栏 measure 的 measuring parameters,进行参数设定。先进入 Temperature program,设定升温速率(rate)和最高温度(hold Temp)。注意:选用铝坩埚时,最高设定温度决不能超过 600℃,否则铝坩埚将熔化,损坏测试机器。然后进入 file information,加入样品名称(sample name)、样品重量(sample weight)。如果通气保护,选择气体种类(atmosphere)和流速(rate flow)。

9. 点击标题栏 measure start,或者点击快捷键 start,开始测试样品。

10. 扫描测试完毕后，打开电脑桌面谱图处理软件 TA60，处理后打印。

11. 关闭电脑和所有测试仪器，收拾台面，将坩埚、镊子等放回原处，做好登记，离开实验室。

五、数据处理

1. TG 曲线的几个特征温度

从 TG 曲线可求得以下几个特征温度：T_i 为起始失重温度，是 TG 曲线开始偏离基线点的温度；TG 曲线下降段的切线与基线的交点为外延起始温度，这条切线与最大失重线的延长线的交点称为外延终止温度；TG 曲线达到最大失重的温度叫终止温度，用 T_f 表示；失重率为 50% 的温度称为半寿温度。

2. 根据实验记录的温度和失重线，画出 TG 曲线。

3. 求出试样的特征温度：T_i 和 T_f。

4. 计算出温度区间的失重率及余重。

5. 比较两种不同聚合物的热失重行为。

六、注解

1. 岛津 DTG - 60 差热-热重同步分析系统性能指标。天平称量范围：± 500 mg；天平灵敏度：0.001 mg；温度范围：室温～1 100 ℃；气氛：全范围可使用空气、惰性气体等；流路构成：吹扫气、清洁气、反应气。

2. 热重分析的影响因素及温度校正

(1) 影响因素（仅讨论实验因素）

升温速度是一个重要的程序变量，对热重曲线有明显的影响。提高升温速率使曲线向高温推移，升温速率越大，炉壁与试样温度梯度增加，导致热重曲线上的 T_i 和 T_f 偏高。升温速度快不利于中间产物的检出，此时 TG 曲线上拐点很不明显，升温速率慢可得到更明确的实验结果。

试样的用量、粒度和形状以及装填方式都会影响热重曲线，试样量大时，反应时间延长，对热传导和气体扩散都是不利的，使曲线的清晰度变差，并移向较高温度。试样用量应在热重分析仪灵敏度范围内尽量减少。粒度越细，反应面越大，反应加速，使 T_i 和 T_f 降低。关于试样装填方式，一般来说，装填越紧密，试样颗粒间接触就越好，有利于热传导，但不利于气氛气体向试样内扩散或分解的气体产物扩散，通常试样应装填薄而均匀。

炉内气氛有动态气氛和静态气氛之分，取决于试样的反应类型、分解产物的性质和装填方式等许多因素，控制气氛有助于深入了解反应过程的本质，视实验要求而定。

(2) 温度校正

为了消除由于不同热重分析仪而引起的热重曲线上特征分解温度的差异，ICTA（国际热分析协会）标准化委员会推荐了镍和四种合金作为 TG 的温度标准物，其各自的特征温度可由热分析手册或实验仪器的操作手册查得。

3. 热重分析在聚合物中的应用

热重法在聚合物领域大致有以下几种应用：

(1) 测定聚合物的热稳定性、热稳定性与结构的关系以及添加剂对聚合物热稳定性的影响。

（2）聚合物热降解过程及机理。

（3）聚合物的热降解动力学。

七、思考与讨论

1. 试讨论影响聚合物 TG 实验结果的因素（不考虑仪器因素）。

2. 研究聚合物的 TG 曲线有何实际意义，如何才具有可比性？

实验十一　毛细管流变仪测定聚合物流变特性

一、实验目的

掌握用毛细管流变仪测定高聚物熔体流动特性的实验方法和数据处理方法；了解高聚物流体的流动特性。

二、实验原理

高聚物熔体（或浓溶液）的流动特性，与高聚物的结构、相对分子质量及相对分子质量分布、分子的支化和交联有密切的关系，了解高聚物熔体的流动特性对于选择加工工艺条件和成型设备等具有指导性意义。不同类型的流变曲线如图 2-27 所示，高聚物流体多属非牛顿流体。

用毛细管流变仪可以方便地测定高聚物熔体的流动曲线，仪器由一活塞杆加压，造成毛细管两端压力差，将聚合物流体挤出。高聚物熔体在一个无限长的圆管中稳态流动时，可以认为流体某一体积单元（其半径为 r，长为 L）上承受的液柱压力与流体的黏滞阻力相平衡，即：

$$\Delta P \pi r^2 = 2\sigma \pi r L \tag{1}$$

式中：ΔP 是此体积单元流体所受压力差；σ 为切应力。

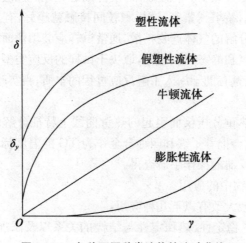

图 2-27　各种不同种类流体的流动曲线

$$\sigma = \Delta Pr / 2L \tag{2}$$

在毛细管壁处,即 $r=R$ 时,管壁切应力

$$\sigma_w = \Delta PR / 2L \tag{3}$$

在 r 处的切变速率 D 为

$$D = -\mathrm{d}\nu / \mathrm{d}r = \Delta Pr / 2\eta L \tag{4}$$

式中:η 为黏度;ν 为毛细管内半径 r 处的线流速,取边界条件 $r=R$ 时 $\nu=0$。

式(4)对 r 积分,则:

$$\nu(r) = (\Delta PR^2 / 4\eta L)[1 - (r/R)^2] \tag{5}$$

结果表明,牛顿流体在毛细管中流动时,具有抛物线状的速度分布曲线,式(5)对毛细管截面积分可得体积流速 Q:

$$Q = \int_0^R \nu(r) 2\pi r \mathrm{d}r = \pi R^4 \Delta P / 8\eta L \quad 或 \quad \eta = \pi \Delta PR^4 / 8QL \tag{6}$$

式(6)为哈根-泊塞勒(Hagen-Poiseuille)方程。

在毛细管壁处($r=R$)的切变速率

$$D_w = -(\mathrm{d}\nu / \mathrm{d}r)_w = \Delta PR / 2\eta L = 4Q / \pi R^3 \tag{7}$$

但高聚物流体一般不是牛顿流体,需作非牛顿改正,经推导得

$$D_w^{改正} = D_w \cdot (3n+1) / 4n \tag{8}$$

式中:n 为非牛顿指数。

$$n = \frac{d \lg \sigma_w}{d \lg D_w} \tag{9}$$

可由 $\lg \sigma$ 对 $\lg D$ 作图求得。

高聚物的表观黏度可由下式计算:

$$\eta^a = \frac{\sigma_w}{D_w} \tag{10}$$

在实际的测定中,毛细管的长度都是有限的,故式(2)应修正。同时,由于流体在毛细管入口处的黏弹效应,使毛细管的有效长度变长,也需对管壁的切应力进行改正,这种改正叫做入口改正,常采用 Bagley 校正:

$$\sigma_w = \Delta P / 2(L/R + B') \tag{11}$$

式中:B' 即为 Bagley 校正因子,B' 的测定方法为在恒定切变速率下测定几种不同长径比 $(L/2R)$ 毛细管的压力降 ΔP,然后把 ΔP 对 L/R 曲线外推至 $\Delta P=0$ 便可得到 B'。

测定时,毛细管活塞杆在十字头的带动下以恒速下移,挤压高聚物熔体从毛细管流出,用测力头将挤出熔体的力转成电讯号在记录仪上显示,从流出速度与压力的测定,可求得剪切应力与剪切速率之间的关系。

三、实验仪器及药品

RH2200 型流变仪如图 2-28 所示。
聚丙烯粒料。

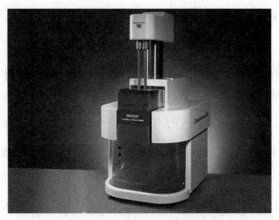

图 2-28　RH2200 型流变仪

四、实验步骤

1. 先接通电脑电源,待稳定后再启动电脑。
2. 打开电脑桌面上的 Rheowin 软件,进入流变仪操作界面。
3. 接通主机电源;流变仪操作界面的模拟图上数值显示均为绿色后,表明通讯正常,方能运行。
4. 点击流变仪操作界面"Manual Control",通过主机按钮或"Manual Control"的活塞头图标上命令将活塞头向上升至最高位。
5. 点击流变仪操作界面"Manual Control"的温度图标,设定料筒上中下三区温度(通常一样),并点击"0"图标进行温度清零,然后点击温度计图标开始升温。
6. 点击流变仪操作界面的"Manual Control"的传感器图标,选定"Gain correction",其他选项置空,然后点击"0.0"和"80%",分别将压力传感器清零和校正。
7. 点击流变仪操作界面的"Define Test",设定"Test Option"、"PLeft and PRight Transducer"、"Left and Right Die"、"Rang and Stages of"、"Model of"、"Pre-Test"、"Equilibrium"、"Trip"、"Temperature"。
8. 点击流变仪操作界面的"Set Test Temperature"查看温度是否已真实设定为实验设计温度。
9. 待流变仪操作界面的模拟图上温度数值(显示为绿色)达到实验设定温度(可点击模拟图上各区温度显示图标查看)后,点击流变仪操作界面的"Manual Control"的传感器图标,然后再点击"0.0%"和"80%",分别再次将压力传感器清零和校正。
10. 安装好口模,放入物料,用专用工具将其压实,然后装上压杆。
11. 点击流变仪操作界面的"Run Test"进行实验。
12. 每一组实验完成后,注意将实验方案和实验数据存盘。

13. 实验结束后,将余料挤出,然后柱塞先以 20 mm/min 的速度提升(特别是橡胶料切忌快速回升柱塞,以免传感器破坏),待柱塞通过传感器后方可调高速度。

14. 实验全部完成后,小心取下口模,并立即清理,然后,用皱纹卫生纸将料筒擦洗干净。

15. 关掉控制箱电源,关闭电脑,切断总电源。

五、数据处理

1. 画出表观黏度与剪切速率曲线,分析。
2. 画出剪切应力与剪切速率曲线,分析。
3. 计算非牛顿指数与黏流活化能。

六、注释

1. RH2200 型流变仪主要技术指标

料桶数量:双料桶;最大力:20 kN;最大速度:1 200 mm/min;动态速度范围:>400 000∶1;速度精度:好于设置点的 0.1%;温度范围:室温～400℃;温度控制:4 段,PID;温度控制:误差小于±0.1℃。

2. 影响实验结果的因素

(1) 每次装填的物料量要基本相同(通常为 12～15 g),加料要逐步少量加入,边加料边压实,以排除物料间的空气。填满后要进行预压,预压力为 10 kg 左右。

(2) 装填结束后要进行预热。一般预热 10～15 min 使物料受热均匀,减小料筒中间与边壁的温度差并达到所测试的温度;但预热时间不能过长,防止物料降解或交联。实验表明,预热时间不同其结果是不同的。

(3) 选择适宜长径比的毛细管。毛细管长径比的选择原则有两个:一是根据样品的黏度,二是尽量接近实际加工条件。一般来说,从料筒经入口被挤入毛细管存在入口损失,因此必须进行入口校正,如果长径比大于 40 时可以忽略其入口损失。

(4) 清洗料筒。一般每进行一次测试都要清洗料筒,防止剩余物料在毛细管中固化或交联,产生阻力。一般使用聚乙烯 PE(易流动,熔点低)置换原来的测试样品。

(5) 避免自重影响,及时剪断已经挤出的高聚物。

七、思考题

1. 如何从流动曲线上求出零剪切黏度 η_0 并讨论 η_0 与聚合物分子参数的关系。
2. 测定表观黏流活化能 ΔE_η 有何意义?

实验十二　偏光显微镜法测定聚合物球晶结构

一、实验目的

了解偏光显微镜的原理、结构和使用方法;观察聚合物的结晶形态,分析聚合物球晶的特点。

二、实验原理

聚合物制品的性能与其结晶形态密切相关,研究聚合物的结晶形貌具有重要的理论和实际意义。随着结晶条件的不同,聚合物的结晶可以生成不同的形态,如单晶、树枝晶、球晶、纤维晶及伸直链晶体等。当聚合物从浓溶液中析出或从熔体冷却结晶时,聚合物倾向于生成比单晶复杂的多晶聚集体,通常呈球形,即"球晶"。实际聚合物的加工过程通常是通过注塑、挤出等手段使聚合物从熔体中固化,对于可结晶聚合物来说,球晶的生成是一种常见现象。球晶的基本结构单元是具有折叠链结构的片晶(晶片厚度在 10 nm 左右),许多这样的晶片从一个中心(晶核)向四面八方生长,发展成为一个球状聚集体。因此,球晶形貌的观察对于聚合物结晶研究来说尤为重要,用偏光显微镜研究聚合物的结晶形态是目前实验室中较为简便而实用的方法。由于聚合物球晶的尺寸介于几微米至几毫米之间,偏光显微镜的最佳分辨率为200 nm,有效放大倍数可达 500~1 000 倍,用普通的偏光显微镜可观察几十微米至几毫米的球晶。

光根据振动的特点不同可分为自然光和偏振光。自然光的光振动均匀地分布在垂直于光波传播方向的平面内,如图 2-29(1)所示;自然光经过反射、折射、双折射或选择吸收等作用后,可转变为只在一个固定方向上振动的光波,这种光称为平面偏光,或偏振光,如图 2-29(2)所示。偏振光振动方向与传播方向所构成的平面叫做振动面。若沿着同一方向有两个具有相同波长,并在同一振动平面内的光传播,则二者相互起作用而发生干涉。

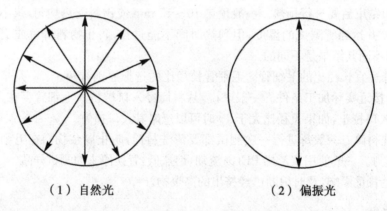

（1）自然光　　　　　　　　　　（2）偏振光

图 2-29　自然光和偏振光振动特点示意图(光波在与纸面垂直的方向上传播)

由起偏振物质产生的偏振光的振动方向,称为该物质的偏振轴,偏振轴并不是单独一条直线,而是表示一种方向,如图 2-29(2)所示。自然光经过第一偏振片后,变成偏振光,如果第二个偏振片的偏振轴与第一片平行,则偏振光能继续透过第二个偏振片;如果将其中任意一片偏振片的偏振轴旋转 90°,使它们的偏振轴相互垂直,这样的组合,便变成光的不透明体,这时两偏振片处于正交。光波在各向异性介质(如结晶聚合物)中传播时,其传播速度随振动方向不同而发生变化,其折射率值也因振动方向不同而改变,除特殊的光轴方向外,都要发生双折射,分解成振动方向互相垂直、传播速度不同、折射率不等的两条偏振光。在正交偏光镜下观察,非晶体(无定形)的聚合物薄片或无定型的玻璃片,是光均匀体,没有双折射现象,光线被两正交的偏振片所阻拦,因此视场是暗的;聚合物单晶体根据对于偏光镜的相对位置,可呈现出不同程度的明或暗图形,其边界和棱角明晰,当把工作台旋转一周时,会出现四明四暗,球晶呈现出特有的黑十字消光图像,称为 Maltase 十字,黑十字的两臂分别平行起偏镜和检偏镜的振动方向。转动工作台,这种消光图像不改变,其原因在于球晶是由沿半径排列的微晶所组成,这些微晶均是光的不均匀体,具有双折射现象,对整个球晶来说,是中心对称的。因此,除偏振片的振动方向外,其余部分就出现了因折射而产生的光亮。

聚合物的球晶在正交偏光显微镜下观察,出现一系列消光同心圆,因为球晶中的晶片是螺旋形,即 a 轴与 c 轴在与 b 轴垂直的方向上旋转。b 轴与球晶半径方向平行,径向晶片的扭转使得 a 轴和 c 轴(大分子链的方向)围绕 b 轴旋转。当聚合物中发生分子链的拉伸取向时,会出现光的干涉现象,在正交偏光镜下多色光会出现彩色的条纹。从条纹的颜色、多少、条纹间距及条纹的清晰度等,可以计算出取向程度或材料中应力的大小,这是一般光学应力仪的原理,而在偏光显微镜中,可以观察得更为细致。

三、仪器与药品

BM 2100 型偏光显微镜一台,如图 2-30 所示。CCD 摄像头及软件一套,附件一盒,擦镜纸,镊子一把,载玻片、盖玻片若干块。

图 2-30　BM 2100 型偏光显微镜

聚对苯二甲酸丙二醇酯(熔点 T_m 为 229℃)。

四、实验步骤

1. 球晶试样的制备

将两片干净的盖玻片放在恒温熔融炉内,在选定温度(一般比 T_m 高 30℃)下恒温 5 min 后把少许聚对苯二甲酸丙二醇酯(5 mg 左右)放在一片盖玻片上,再盖上另一片盖玻片,恒温 10 min 使聚合物充分熔融,用镊子轻压试样至薄并排去气泡,再恒温 5 min,在熔融炉有盖子的情况下自然冷却到室温,得到"盖玻片—聚对苯二甲酸丙二醇酯—盖玻片"三明治结构的测试样品。制备聚对苯二甲酸丙二醇酯球晶时,将制好的三明治结构的测试样品在

259℃下先恒温保持 10 min,然后快速转移到 150℃或者 90℃的恒温炉中保温 30 min。在不同恒温温度下所得的球晶形态是不同的。

2. 偏光显微镜正交偏光的调节

打开光源,将分析镜推入镜筒,转动起偏镜来调节正交偏光。当目镜中无光通过(可利用电脑屏幕上 CCD 镜头反映出的图像观察),视区全黑时,起偏镜和检偏镜互相垂直。

3. 聚合物结晶形貌的观察

选择适当的物镜和目镜,将待测的聚对苯二甲酸丙二醇酯试样置于载物台视域中心,一边从旁边观察,一边将显微镜物镜降到最接近样品。然后逐渐使样品和物镜远离,当得到清晰的像时,利用载物台旁边的旋钮,左右或前后移动样品,得到有代表性的图像时,利用电脑软件控制 CCD 镜头拍照。注意观察结晶样品的消光黑十字及一系列消光同心圆环。换一个不同结晶温度下得到的样品,按照上述方法进行观察。

4. 实验完毕,取下样品,关闭光源开关。

五、实验记录与处理

记录不同结晶温度下得到的聚对苯二甲酸丙二醇酯的球晶形貌,分析其球晶大小和形貌的异同。

六、注解

偏光显微镜比生物显微镜多一对偏振片(起偏镜及检偏镜),因而能观察具有双折射的各种现象。目镜和物镜使物像得到放大,其总放大倍数为目镜放大倍数与物镜放大倍数的乘积。起偏镜(下偏光片)和检偏镜(上偏光片)都是偏振片,检偏镜是固定的,不可旋转;起偏镜可旋转,以调节两个偏振光互相垂直(正交)。旋转工作台是可以水平旋转 360°的圆形平台,旁边附有标尺,可以直接读出转动的角度。工作台可放置显微加热台,借此研究在加热或冷却过程中聚合物结构的变化。微调手轮及粗调手轮用来调焦距。用低倍物镜时,拉索透镜应移出光路,在用高倍物镜及观察锥光图时才把拉索透镜加入光路。勃氏镜在一般情况不用,只有高倍物镜、拉索透镜联合使用下应用。由于用了拉索镜与高倍物镜,物镜的成像平面降低,在目镜聚敛透镜下相当大一段距离处成像,勃氏镜使像提高又配合目镜起放大作用。

七、思考与讨论

1. 利用晶体光学原理解释球晶形貌中黑十字和一系列同心圆环现象。
2. 结晶温度对聚合物的结晶形貌有何影响? 分析一下原因。

实验十三　高分子材料介电常数和介电损耗的测定

一、实验目的

理解介电常数、介电损耗的物理意义;了解高分子材料介电常数随频率的变化规律;掌握 TH 2816 宽频 LCR 数字电桥的使用方法。

二、实验原理

1. 极化与介电常数

导体(例如金属、电解质)中含有大量自由电荷,在电场作用下,自由电荷在电场方向作定向运动,形成传导电流。聚合物电介质则不同,原子、分子或离子中的正负电荷以共价键形式相互被强烈地束缚着,这些电荷通常称为束缚电荷。在电场作用下,这些正、负束缚电荷只能在微观尺度上作相对位移,而不能作定向运动。正、负电荷间的相对偏离导致在原子、分子或离子中产生感应偶极矩,电介质从整体来看形成了感应宏观偶极矩。固有偶极矩的偶极分子会发生向电场方向的偏转定向。这时电介质内部分子偶极矩的矢量和就不再是零,整个电介质对外感生出了宏观偶极矩。这种在外电场作用下,在电介质内部感生偶极矩的现象,称为电介质的极化。电介质的极化归根到底是电介质中的微观荷电粒子,在电场作用下,电荷分布发生变化而导致的一种宏观统计平均效应。按照微观机制,电介质的极化可以分成两大类型:弹性位移极化和松弛极化。弹性位移极化包括电子位移极化和原子位移极化;松弛极化主要有偶极子取向极化。

电子位移极化对外场的响应时间也就是它建立或消失过程所需要的时间,是极短的,约在 $10^{-16} \sim 10^{-14}$ s 范围。这个时间可与电子绕核运动的周期相比拟。这表明,如所加电场为交变电场,其频率即使高达光频,电子位移极化也来得及响应。因此电子位移极化又有光频极化之称。原子极化对外场的响应时间也极短,约为 $10^{-13} \sim 10^{-12}$ s,比电子位移极化慢 $2 \sim 3$ 个数量级。这个时间相当于原子固有振动周期,也相当于红外光周期。在电场作用下,偶极分子或链节受到电场转矩的作用,驱使它们在电场方向取向。但热运动又使分子作混乱排布,起解取向作用。此外,分子间的相互作用也阻碍极性分子在电场方向的取向。在一定温度和电场作用下,达到一个新的统计平衡状态。在新的平衡状态下,偶极子在空间各个方向取向的几率就不再相同,沿电场方向取向的几率大于其他方向,因此就在电场方向形成宏观偶极矩,这就是偶极子转向极化。偶极子转向极化对外场的响应时间较长,并且对应于各种不同的极性结构,响应时间也不相同,时间范围较大,约为 $10^{-9} \sim 10^{-2}$ s,甚至更长。其原因就在于,电场使极性分子有序化的作用,必须克服分子热运动的无序化作用和分子间的相互作用。

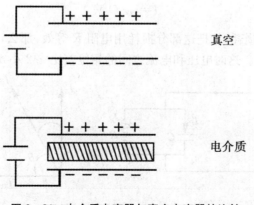

图 2-31 电介质电容器与真空电容器的比较

下面引入介电常数的概念。如图 2-31,当电容器的两平行板之间是真空时,假定它的电容量(几何电容量)为 C_0。如果在平行板电容器的极板间充满电介质,由于电介质在外电场作用下极化,在两极板附近将产生表面束缚电荷,从而使平行板电容器的感应电荷量增加,电容量也相应增加至 C,电容量 C 与插入极板间的电介质材料有关。它们之比 C/C_0 为常数 ε_r,称作该电介质的相对介电常数。它是一个无量纲的物理量,常简称介电常数,是电介质在电场中极化能力的度量。

联系电介质极化宏观与微观参数的一个重要关系式称为 Clausius-Mossotti 方程,简称克—莫方程。对所有的聚合物来说它并不是一个通用的方程。因为它只适用于非极性或弱极性聚合物。

$$\frac{\varepsilon_r-1}{\varepsilon_r+2}=\frac{n_0\alpha}{3\varepsilon_0} \tag{1}$$

这里,n_0 为单位体积中的极化粒子数目;α 为分子极化率。介电常数的数值决定于介质的极化,而极化与介质的分子结构及介质所处的物理状态有关。极性基团在分子链上的位置不同,对介电常数的影响就不同,主链上的极性基团活动性小,它的取向需要伴随主链构象的改变,这种极性基团对介电常数的影响小,而侧链上的极性基团活动性大影响就大。

2. 介电损耗

在恒定电场作用下,电介质的静态响应是介质响应的一个重要方面。事实表明,无论从应用或从理论上来看,变化电场作用下的介质响应,具有更重要和更普遍的意义。在变化电场作用下的极化响应大致可能有以下三种情况:(1) 电场的变化很慢,可以按照与静电场类似的方法进行处理;(2) 电场的变化极快,以致缓慢极化完全来不及响应,因此也就没有这种极化发生;(3) 电场的变化与极化建立的时间可以相比拟,则极化对电场的响应强烈地受到极化建立过程的影响,产生比较复杂的介电现象,这时极化的时间函数与电场的时间函数不相一致。

在交流电场下,如果频率一增加,极化就变得跟不上,介电常数值随频率而变化起来。称这种现象为介质弛豫(松弛)(relaxation)。电介质发生介质松弛伴随有能量损耗。在几何静电容量为 C_0 的电容器极板间,无间隙地插入相对介电常数为 ε_r 的介质,这时的静电容量为 $\varepsilon_r C_0$。如在其上加角频率为 ω 的正弦波交流电压 V 时,电流 I 可写成:

$$I=\mathrm{j}\omega\varepsilon_r C_0 V \tag{2}$$

但有的极化伴随着能量损耗,如把这部分损耗用电阻 R 等效,那么,这个电容器可用等效电路形式表示,如图 2-32。这时电压和电流之间的相位差比 $\pi/2$ 小 δ 角,称 δ 为介质损耗角。

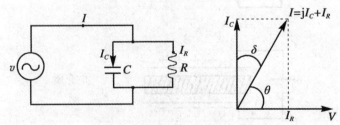

图 2-32 电容器的等效电路图

电容器的电压和电流关系,考虑到介质损耗后,可写成如下形式:

$$I = j\omega(\varepsilon^* \varepsilon_0)C_0 V \tag{3}$$

式中 ε^* 是含有 I 和 V 相位关系的常数,而且是一个复数,称为复介电常数。

$$\varepsilon^* = \varepsilon' - j\varepsilon'' \tag{4}$$

式中 ε' 为交流下的介电常数;ε'' 为介质损耗因子。

$$I = j\omega(\varepsilon'\varepsilon_0)C_0 V + \omega(\varepsilon''\varepsilon_0)C_0 V \tag{5}$$

上式右边的虚数部分是对电容器充电的无功电流 I_C,实数部分是和电压同相位的有功电流 I_R。后者反映了介质损耗。

$$\tan\delta = \frac{I_R}{I_C} = \frac{\varepsilon''}{\varepsilon'} \tag{6}$$

$\tan\delta$ 被称为损耗角正切,它是 ε^* 的虚部和实部之比。

3. 聚合物的介质损耗

聚合物的介质损耗一般有两种。(1)电导损耗。由带电粒子(如杂质离子)产生。绝缘材料电阻大,常温下由电导引起的损耗较小,只有高温下才明显增大。(2)偶极损耗。因交变电场中偶极子做取向运动即偶极子转向极化而引起的。非极性聚合物应无这部分介质损耗,但实际上均因存在杂质而不可避免地有一定的介质损耗。当聚合物处于玻璃态时,偶极子被冻结在一定的位置,只能做微小的取向摆动。在高弹态下,通过链段运动使更多偶极子在电场中取向,损耗增大,并出现峰值。一般聚合物的损耗因子与温度的关系如图 2-33 所示。

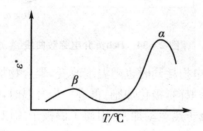

图 2-33 普通聚合物的损耗因子与温度的关系

4. 频率、温度对介电损耗的影响

根据电介质弛豫极化的唯象理论,在角频率为 ω 的交变电场下,电介质的复介电常数 ε^* 的实部 ε'、虚部 ε'' 和损耗角正切 $\tan\delta$ 与外加电场频率 ω 的关系满足德拜(Debye)方程:

$$\varepsilon'(\omega) = \varepsilon_\infty + \frac{\varepsilon_s - \varepsilon_\infty}{1 + \omega^2\tau^2} \tag{7}$$

$$\varepsilon''(\omega) = \frac{(\varepsilon_s - \varepsilon_\infty)\omega\tau}{1 + \omega^2\tau^2} \tag{8}$$

$$\tan\delta(\omega) = \frac{\varepsilon''(\omega)}{\varepsilon'(\omega)} = \frac{(\varepsilon_s - \varepsilon_\infty)\omega\tau}{\varepsilon_s + \varepsilon_\infty\omega^2\tau^2} \tag{9}$$

ε_s 为交变电场角频率 $\omega \rightarrow 0$ 时的介电常数，ε_∞ 则为交变电场角频率 $\omega \rightarrow \infty$ 时的介电常数。从 (7) 式可以看出，当 $\omega \rightarrow 0$ 时，$\varepsilon' = \varepsilon_s$，即一切极化都有充分的时间完成，因而 ε' 达到最大值 ε_s；当 $\omega \rightarrow \infty$ 时，则 $\varepsilon' \rightarrow \varepsilon_\infty$，即在极限高频下，偶极子由于惯性，来不及随电场变化改变取向，只有弹性位移极化能够发生。从 (8)、(9) 式看出，当 $\omega \rightarrow 0$ 时，$\varepsilon'' \rightarrow 0$，$\tan \delta \rightarrow 0$，即频率很低时，偶极子取向完全跟得上电场的变化，能量损耗低；当 $\omega \rightarrow \infty$ 时，$\varepsilon'' \rightarrow 0$，$\tan \delta \rightarrow 0$，表示频率太高，取向极化不能进行，损耗也小。当 ω 在 $0 \sim \infty$ 之间，包括在电工和无线电频率范围内，介电常数 ε' 随频率增加而降低。从静态介电常数 ε_s 降至光频介电常数 ε_∞。损耗因子 ε'' 的频率关系则出现极大值，极值的条件是：$\partial \varepsilon'' / \partial \omega = 0$，由此计算而得的极值频率为：$\omega_m = 1/\tau$。如图 2-34 所示，在 $\omega = 1/\tau$ 的频率区域，介电常数发生剧烈变化，同时出现极化的能量耗散，这种现象被称为弥散现象，这一频率区域被称为弥散区域。显然这是由极化的弛豫过程造成的。

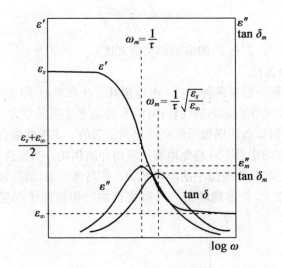

图 2-34　Debye 介电弥散曲线

高聚物的介电常数和介电损耗同时也随温度改变，聚合物加热变软，分子热运动使分子间的作用力减弱，偶极子容易取向，极化加剧，再进一步升温时，介电常数通过峰值后随温度升高而缓慢下降，这是由于分子热运动加剧，阻碍了偶极子的取向效应。与此对应介电损耗随温度变化也经过一个峰值。也就是说，如果温度改变，则介质弥散的频率区域也要发生变化。当温度升高时，弥散区域向高频方向移动，与此同时 ε'' 和 $\tan \delta$ 的峰值也相应移向高频。反之当温度降低时，弥散区域则向低频方向移动。这种现象不难解释，当温度升高时，弛豫时间减少。因此可以和弛豫时间相比拟的电场周期变短，于是弥散频率区域包括损耗极值频率 ω_m 增加。反之则频率降低。

三、实验仪器及样品

实验设备主要为 TH 2816 宽频 LCR 数字电桥。试样为聚丙烯薄膜电容器和聚酯薄膜电容器，聚丙烯薄膜的厚度为 $4.8~\mu m$，长度为 $8~m$，宽度为 $2~cm$；聚酯薄膜的厚度为 $6.5~\mu m$，长度为 $5.7~m$，宽度为 $2~cm$。试验前，试样应在温度为 20 ± 5℃，相对湿度为 $65\% \pm 5\%$ 的环境下放置 $16~h$ 以上。

四、实验步骤

1. 开启 TH 2816 宽频 LCR 数字电桥电源开关,此时仪器开始自检。自检结束后,仪器显示测试电容状态,此时显示窗 A、B、C 分别显示电容量(pF)、损耗角正切值(D)和测试频率(1 kHz)。

2. 将薄膜电容器的两电极插入仪器测试端,此时显示窗 A、B、C 分别显示被测试样的电容量、损耗角正切值和测试频率(1 kHz)。也就是测出了试样在 1 kHz 频率下的电容量和损耗角正切值。

3. 通过改变测试频率,即可测出聚丙烯和聚酯薄膜电容器在不同频率下的电容量和损耗角正切值。本仪器的频率变化范围为 50 Hz~150 kHz。

4. 由测得的电容量,根据(10)式即可计算出聚丙烯和聚酯材料的介电常数值:

$$\varepsilon' = \frac{Cd}{\varepsilon_0 S} \tag{10}$$

式中,C 为测得的电容量,F;d 是试样厚度,m;S 为电极面积,m^2;ε_0 为真空中的介电常数。

五、注解

1. 真空中的介电常数 ε_0,在国际单位制中为:8.85×10^{-12} F/m。

2. 高聚物分子的极性大小也用其偶极矩来衡量,通常可以用重复单元的偶极矩来作为高分子极性的一种指标。按照偶极矩的大小,可将高聚物大致归为下面四类,它们分别对应于介电常数的某一数值范围,随着偶极矩的增加,高聚物的介电常数逐渐增大。

(1) 非极性高聚物 $\bar{\mu} = 0D$ $\varepsilon = 2.0 - 2.3$

(2) 弱极性高聚物 $0 < \bar{\mu} \leqslant 0.5D$ $\varepsilon = 2.3 - 3.0$

(3) 中等极性高聚物 $0.5D < \bar{\mu} \leqslant 0.7D$ $\varepsilon = 3.0 - 4.0$

(4) 强极性高聚物 $\bar{\mu} > 0.7D$ $\varepsilon = 4.0 - 7.0$

3. 某些聚合物的介电性能(24℃,60 Hz)

聚合物	ε'	ε''
聚乙烯	2.28	0.002
聚苯乙烯	2.5	0.001
聚四氟乙烯	2.1	0.000 2
聚甲基丙烯酸甲酯	3.5	0.04
聚氯乙烯	3.0	0.01
尼龙6	6.1	0.4

4. 界面极化是电介质含有离子等载流子时,由于正离子向负极移动和负离子向正极移动,并在空间上分别集聚到其一地方而引起的极化。一般发生在由不同电导率或介电常数的电介质所构成的分界面。也叫空间电荷极化。界面极化。所需的时间较长,从几分之一秒至几分钟,甚至更长。界面极化的测量(要使用低频技术),现已成为研究高聚物共混物的

一种工具。界面极化对聚合物在电气和电子工程中的应用上很常见,并且和聚合物的击穿有密切的关系。在实际中,一种材料往往有不均匀性,可能存在第二相。例如,在聚合物中添加防止热老化和光老化的稳定剂,通常这些添加剂就是分散的第二相材料。填料和颜料也能形成分离相。

六、安全提示

1. LCR 数字电桥应开通电源后预热 30 min 以上,待仪器稳定后方可进行测试。

2. 不要把手靠近试样,以避免人体感应影响而造成测量误差。

3. 被测试样和测试电路的接线柱间的接线应该尽量短和足够的粗,并要接触良好可靠,以减少因接线的电阻和分布参数所带来的测量误差。

七、实验前预习的问题

1. 如何测出聚合物在不同温度下的介电常数和损耗角正切值。

2. 说明为什么损耗角正切值随测试频率的变化关系中会出现极大值,并根据 Debye 方程求出出现极值时的频率。

八、思考题

1. 介质损耗与什么因素有关? 实际中如何控制?

2. 能否通过测定介质损耗来测出聚合物的 T_g?

第三章 高分子材料成型加工实验

实验一 塑料的挤出成型

一、实验目的

了解双螺杆挤出机的结构组成及工作原理,熟悉挤出成型原理;掌握挤出成型基本操作,加深对挤出理论的理解。

二、实验原理

挤出成型是热塑性塑料重要的成型方法之一。利用挤出成型的方法可以加工塑料制品,也可以对塑料进行造粒和改性。挤出成型是连续性生产过程,由挤出机(主机)、机头(口模)和辅机协同完成,加工的制品不同,机头(口模)和辅机也不同。挤出机有单螺杆挤出机、双螺杆挤出机和多螺杆挤出机等,但挤出成型的原理是相似的。塑料的挤出成型是塑料在挤出机中,通过加热的方法使塑料粒子在一定温度和一定压力下熔融塑化,成为黏流状态,在加压的情况下,通过具有一定形状的口模而成为截面与口模形状相仿的连续体,通过降温,具有一定几何形状和尺寸的塑料由黏流态变为高弹态,最后冷却定型为玻璃态,得到所需要的制品。不论挤出造粒还是挤出制品,都要经历两个阶段。第一阶段,固体状的热塑性树脂原料在料筒中,借助料筒外部加热和螺杆转动的剪切挤压作用而逐渐熔融,在螺杆转动过程中熔料进一步均化,均化好的熔融物料在压力的推动下,定量、定压、定温地被挤出口模。第一阶段由主机和机头完成,第二阶段的切割、卷取等由辅机完成。

本实验是利用同向旋转的双螺杆挤出机和切粒机进行挤出造粒,对不同品种塑料或不同配方体系进行挤出成型、造粒,以便对材料性能进行后续研究。

三、实验设备和原料

双螺杆挤出机,如图 3-1 所示;水冷切粒机组;烘箱。

聚丙烯、加工助剂以及各种功能性助剂。

图 3-1 双螺杆挤出机

四、实验步骤

1. 首先阅读安全注意事项。根据实验要求,确定实验原料,查阅挤出塑料的熔融指数,确定挤出温度的范围。用于挤出机生产的物料根据需要确定其干燥的要求;根据实验要求确定塑料是否需要添加适当加工助剂,或者是改性助剂,根据工艺采用高速混合机对原料进行预处理。

2. 根据产品的品种、尺寸,选好机头规格,按顺序将机头装好:安装机头法兰、模体、口模、多孔板以及过滤网。

3. 检查挤出机各个部分,确认设备是否正常。

4. 打开电源,在挤出机的控制系统设定需要的各加热段温度。

5. 开动主机,首先以低速启动开车、空转(不能加塑料),检查螺杆转动有无异常,检查电机电流表有无超负荷现象,压力表是否正常。(注意开机空转时间不宜过长,控制 3 min 以内)

6. 逐渐少量加料,待物料挤出口模时,方可大量投料,投料时注意进料和电流指示。塑料熔体在挤出前,任何人不得站在机头的正前方。

7. 塑料熔体挤出后,将挤出物用手(戴手套)和镊子慢慢牵引经过冷却水槽,引上造粒机(辅机),开动、调整造粒机到合适的速度进行切粒操作,并收集造出的粒料。

8. 调整各个部分,使挤出平稳进行,继续加料,控制温度、牵引速度等工艺条件,维持正常操作。

9. 观察挤出料的外观质量,记录在挤出物均匀、光滑时各个加热段的温度、压力等工艺条件,记录运转正常后一定时间内的挤出量(对于不同的实验配方,要记录各个配方之间挤出量、工艺条件的差异)。

10. 完成一个改性配方后,在更换物料以前,必须将前面的物料挤出完毕,才能更换物料,更换物料之前必须确定工艺条件。

11. 停止加料,将挤出机内的塑料全部挤出,关闭主机、辅机的电源。

12. 趁热消除机头的残留物料,整理各个部分。

13. 关闭所有电源、水源等,清扫干净现场。保存好实验造出的粒料,待用。

五、注解

1. 实验前,检查料斗中是否有异物,检查设备是否正常,清理设备现场,严格防止金属杂质、小工具等落入进料料斗中。在操作或者维修过程中切记工具不能随便乱放。

2. 塑料熔体在挤出前,任何人不得站在机头的正前方,防止高压熔体射出伤人。

3. 清理设备和机头时,切忌损坏螺杆和口模等处的光洁表面。

4. 挤出过程中要密切注意工艺条件的变化,一旦稳定后,不得随意改动。如果发现不正常现象立即停车,进行检查排出毛病后再恢复实验。

5. 制品刚刚流出口模,温度很高,防止烫伤。

6. 挤出机组

一个完整的挤出过程是靠挤出机组来实现的,一般来说一个挤出机组包括下列几部分。

(1) 挤压系统,主要由料筒和螺杆组成,料筒上还有加料装置,料筒周围还要设置加热冷却系统。塑料就是在这里得以塑化成均匀的熔体,熔体在塑化和输送过程中建立一定的压力,被螺杆带动连续定压、定量、定温地挤出口模。加热冷却系统是通过对料筒或者螺杆进行加热和冷却,保证成型过程在制品工艺要求的温度范围内完成。

(2) 传动系统,由电动机、减速机和轴承等组成,给螺杆提供所需要的扭矩和转速。

(3) 机头(口模),是制品成型的主要部件,熔融塑料通过它获得制品要求的几何截面和尺寸。机头要根据塑料的品种、制品的形状和加热方法以及挤出机的大小和类型而定。机头(口模)结构的好坏,对制品的产量和质量影响很大,其尺寸根据流变学和实践经验而定。

(4) 定型装置,其作用是将从机头中挤出的塑料以特定形状稳定下来,从而获得更为精确的截面形状、尺寸和光亮的表面。定型装置通常采用冷却和加压的方法来完成。

(5) 冷却装置,定型装置出来的连续制品在此得到充分的冷却,获得最终的形状和尺寸。

(6) 牵引装置,其作用为均匀地牵引制品,并对制品的截面尺寸进行控制,使挤出过程连续、稳定地进行。

(7) 其他辅助装置,包括切割装置、卷取装置、造粒装置,针对不同的制品而定。

(8) 挤出机的控制系统,由各种电器、仪表和执行机构组成。根据自动化水平的高低,可控制挤出机的主机和辅机,检测、控制主机的温度、压力和流量,控制辅机的牵引速度,最终实现对整个挤出机组的自动控制,达到控制制品质量的目的。

六、实验预习

1. 列出挤出机的主要技术参数,报告实验所用原料和助剂、操作工艺条件,计算单位时间的挤出量(千克/小时)。

2. 对于功能性助剂改性的塑料粒子,记录实验配方,并对改性的塑料进行相应表征,如添加阻燃剂要表征改性前后阻燃性的区别。

3. 讨论实验中挤出工艺参数对塑料制品性能的影响。

七、思考题

1. 挤出机组中各个组成部分在制品生产中的作用是什么?

2. 为什么要对高分子树脂进行造粒?

3. 挤出机的哪些参数影响挤出机的挤出量,怎样影响?

4. 结合螺杆的"三段"论,分析塑料在塑化过程中的熔融情况。

实验二　热塑性塑料的注射成型

一、实验目的

通过本实验使学生了解螺杆式注射机的结构组成及工作原理,掌握热塑性塑料注射成型的操作过程,学会注射成型工艺条件设定的基本方法。

二、实验原理

注射成型是塑料成型的重要方法,注射成型可以加工热塑性塑料,也可以加工热固性塑料。注射成型的最大特点是能一次成型外形复杂、尺寸精确或者带有各种嵌件的塑料制件,对塑料加工的适应性强(几乎能加工所有热塑性塑料和部分热固性塑料),生产效率高,容易实现自动化,所成型的制件经过很少修饰或者不修饰就可以满足使用要求。注射机分类方法很多,按照塑料塑化方式和注射方式分为柱塞式注射机、螺杆式注射机、螺杆塑化柱塞注射式注射机等。

注射成型是通过注射机和相应制品的注射模具共同完成的。一个注射成型过程称为一个工作循环,由模具闭合开始算起一个循环是:合模—注射—保压(螺杆预塑)—冷却—开模—顶出制品—合模,其中在注射结束后的保压阶段,螺杆又对物料开始预塑为下一个循环做塑化准备。高分子树脂加入料斗后进入料筒内,通过外部加热,螺杆、料筒与树脂之间的剪切和摩擦力作用生热,使树脂塑化成黏流态,经过螺杆很高的压力和较快的速度,将塑化好的树脂从料筒中挤出,通过喷嘴注入闭合的模具型腔中。注射满模具型腔要经过一段时间的保压,使熔熔料能充满模具型腔的任何角落,保压的目的是使制品密实,而后冷却固化,打开模具取出制品。热固性塑料注射时,由于熔融物料进入模具型腔后需要在一定温度下才能交联固化而定型,因此模具需要加热保温,一般比注射料的温度还高。热塑性塑料注射时,模具一般不需要加热,制品通过冷却而定型,有时需要通冷却水。

注射机一般由三部分组成:注射装置、锁模装置、液压和电器控制系统。注射装置将塑料均匀塑化并以足够的压力和速度将一定量的塑料熔体注射到模具型腔中,注射装置位于注射机的右上部,包括料筒、螺杆和喷嘴、加料斗、计量装置、驱动螺杆的液压电动机、注射油缸、注射座移动油缸等。锁模装置是实现模具的开启与闭合以及脱出制品的装置,位于机器的左上部,包括动模板、定模板、锁模油缸、大活塞、拉杆、机械顶出杆、安全门等部件。液压和电器控制系统保证注射机按照工艺过程设定的要求和动作程序准确而有效地工作,液压系统由各种液压元件(溢流阀、压力阀、节流阀、调速阀、压力表等)和液压回路及其辅助设备等组成,电器控制系统由各种电器仪表和继电器元件等组成。控制系统的面板就在注射机的正面,通过控制面板控制工作循环的动作。

三、实验设备和原料

JN55-E注射成型机,如图3-2所示;注射模具(塑料拉伸试样模具);烘箱。

聚丙烯粒料。

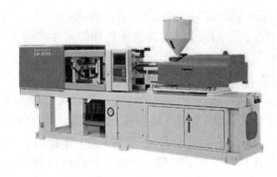

图 3-2 注射成型机

四、实验步骤

1. 实验准备和模具安装

（1）仔细观察、了解注射机的结构、组成，熟悉其工作原理和安全注意事项。了解原料的规格型号和成型工艺特点，拟定各项成型工艺条件，并对原料进行预热干燥备用。检查注射机各个部分，确认设备是否正常。

（2）模具安装：打开安全门，从前固定模板和动模板上松开模具压板的螺钉，两人合作取下原有模具，操作时注意人身和模具、设备安全。对比原有模具与实验需要模具的厚度差别，在模具安装后作为调整模板间距的参考。启动注射机，并将控制面板上的工作状态开关放到"调整"的位置，注射机在开模状态下，装上实验需要的模具，并拧紧每一个紧固螺钉，用模具压板把模具固定于模板上，调整模具位置直到主流道定位和定模板的定位孔对中。

（3）模具调整：调整模具厚度（动模板与定模板之间的距离），以达到所需要的合模力，将工作状态选择开关放置到"调整"位置，用棘轮扳手调整固定模板与动模板之间的距离。进行"合模"操作，适当选择曲肘连杆压缩余量，即可得到适当的合模力，此时曲肘机构应伸直，并把模具压板与动模板固定。将导杆上的定位螺帽和螺钉固定紧。确认安装完好后，重复几次开合模动作。

（4）注射成型参考工艺条件（以注射拉伸样条为例）

料筒温度：（前）180～190℃；（中）200～220℃；（后）190～200℃。

注射压力：7～9 MPa；注射时间：4～7 s；模具保护时间：3 s。

（5）安全检查：按照设计的工艺条件，在控制面板上设定各段温度，检查各个按钮、操作开关及手柄是否在零位或者断开的位置上，电器线路是否有异常和安全门移动是否灵活。检查加料斗及料筒上是否有杂物以及金属件掉在里面，将实验用塑料加入料斗中。

（6）注射机预热：调整机械安全装置螺杆的长度到适当的位置，使其真正能起到保护作用，然后锁紧螺母。没有异常后，将安全门关闭，打开加热电源开始预热，待温度达到工艺要求后即可开始实验。

2. 开机实验

（1）预先开启冷却水，使冷却器通水。

（2）调整注射量行程，调整防流涎行程，调整保压行程，调整注射座移动行程，调整开模行程。

（3）手动注射：将选择开关拨到"手动"位置，关上前、后安全门。每按动一个按钮，就完成一个相应的动作。手动注射一般在试车、调整模具和简单生产时使用。手动注射依次操作按钮的次序是：合模（模具闭合）—注射座前进（将喷嘴与模具充分接触）—注射—保压—预塑（螺杆转动后退并预塑）—冷却—开模顶出制品，打开安全门取出制品和流道中的料把，这样一个循环完成。下一个循环从安全门关闭—模具闭合又开始。手动操作注射时，必须在喷嘴顶住模具时方可进行。不然，会因为注射座向前移动而发生事故。

（4）半自动注射：将选择开关拨到"半自动"位置，关上安全门。机器就会依次完成一个相应的系列动作。合模—注射—保压—预塑—冷却—开模顶出制品，这样一个循环完成（如果制品没有脱落，手动打开安全门取出制品）；下一个循环从安全门关闭后开始，模具会自动闭合，重复上述动作。

（5）全自动：将选择开关拨到"全自动"位置，关上安全门。机器就会自行按照工艺程序工作，依次完成一个相应的系列动作，最后由顶出杆顶出制品。全自动要求制品的模具有安全可靠的自动脱模装置，才能保证制品和流道中的料把能自动脱落。由于光电管的探测，各个动作会周而复始，自动过程中无须打开安全门。假使制品没有脱落，还需要打开安全门取出制品。安全门一旦打开，机器就停止动作，因此安全门打开和关闭是一定要确认后才能开始下一个动作，安全门一旦关闭，绝不允许任何错误操作。

（6）观察注射制品的外观质量，记录每次实验工艺条件，结合制品外观质量（包括颜色、透明度、有无缺料、凹痕、气泡等），合理调整预先设定的注射成型工艺条件到最合适的位置。

（7）实验完毕停车，先关闭所有电器开关，最后关闭冷却水。

（8）关闭所有电源、水源等，清扫干净现场。保存实验样品，做好相应的编号，待性能测试时用，建议对比不同制件的力学性能差异。

五、注解

1. 合模与开模

合模是动模板快速前移，在即将与定模接触时，依靠合模系统自动切换成低压力产生低的合模速度，使模具慢速闭合，闭合后切换成高压将模具可靠锁紧，以免熔体的压力将模具顶开。注射机的锁模力是注射机的一个重要技术指标，是指注射机的合模机构对模具所能施加的最大夹紧力。锁模力同公称注射量一样，也在一定程度上反映出注射机能生产制品的大小，一个公称注射量为 86 g 的注射机，其锁模力一般高达 400 kN。

开模是制品冷却定型结束后，动模板首先在液压油缸的作用下低速后撤，而后快速后撤到最大开模位置的动作过程，一般在开模后顶杆会将制品直接顶出。

2. 注射阶段

模具闭合后，动、定模具之间就形成了模具型腔，注射机的机身前移使注射机的喷嘴与定模具贴合，注射油缸推动与活塞相连接的螺杆前进，将螺杆头部前面已经均匀塑化好的物料以规定的压力和速度注射进模具型腔，直到熔体充满模具型腔为止。螺杆作用于熔体的压力叫注射压力，螺杆移动的速度叫注射速度。熔体充模是否顺利，取决于注射压力、注射速度、熔体的温度和模具的温度等，它们取决于熔体的黏度和流动特性，决定制品的质量。

注射压力使熔体克服料筒、喷嘴、主流道、分流道和模具型腔的阻力，保证熔体以一定的速度注射入模具型腔内,而且保证熔体能充满模具型腔的任何地方;一旦充满,模具型腔内的压力迅速达到最大值,充模速度则迅速下降,型腔内物料受压而密实。注射压力过高或者过低,都会对制品有影响。注射压力过高,造成充模过量,制品容易留边或者喷嘴处容易发生"流涎";压力过低容易造成充模不足,产生废品。注射速度影响熔体填充型腔的流动状态,注射速度快,充模时间短,熔体温差小,制品密实均匀,料流汇合处熔接强度高,尺寸稳定性好,外观质量好;注射速度慢,不但充模时间长,影响生产效率,更主要是熔体流动过程的剪切作用使大分子取向程度大,制品呈现各向异性。注射时,注射压力和注射速度的确定比较麻烦,要考虑原料、设备、模具和制品各个方面的因素,结合实践而决定。

3. 保压阶段

熔体充模完成后,为了防止熔体倒流,螺杆还要施加一定的压力,保持一定的时间,同时也为了解决模腔内熔体因冷却收缩、造成制品缺料时,能够及时快速进行补料,使制品饱满密实。保压时,螺杆向前稍做移动。保压过程包括控制保压压力和保压时间,它们都影响制品的质量。

4. 冷却阶段

保压时间到达后,通过模具冷却系统将模腔内塑料熔体冷却到玻璃化温度或者热变形温度以下,使塑料制件定型的过程称为冷却阶段。模具冷却温度的高低和冷却时间的长短与塑料的结晶性、热性能、玻璃化温度、流道的长短、制品的厚薄、大小、形状复杂程度等诸多因素都有关,经验告诉我们最终以在开模顶出制品时保证足够的强度为准。

5. 原料预塑化阶段

制品在保压阶段结束时,螺杆转动后退,同时螺杆将带动物料塑化,并且将塑化好的树脂输送到螺杆的前部,为下一次注射做准备,此为塑料的预塑化阶段。预塑化时,螺杆后移的速度由后移的各种阻力决定。预塑化是要求得到定量的、均匀塑化的塑料熔体。塑化是靠料筒的外部加热、摩擦热和剪切力等作用来实现的。料筒温度的高低与诸多因素有关,如树脂的种类、注射量、制品大小、注射机类型、模具的结构、喷嘴以及模具温度、成型周期等等。一般来说,料筒的温度总是在材料的熔点或者黏流温度与分解温度之间,通常是分段控制。

喷嘴通常也需要加热,加热目的是为了维持充模的料流有很好的流动性,喷嘴温度以接近料筒的温度为宜,过高的喷嘴温度会出现"流涎"现象,过低会造成喷嘴的堵塞。

塑料的预塑化与模具内制品的冷却定型是同时进行的,一般预塑化的时间小于制品的冷却时间。

六、实验注意事项

1. 实验前,检查料斗中是否有异物,检查设备是否正常,清理设备现场,严格防止金属杂质、小工具等落入进料口,在操作或者维修过程中切记工具不能随便乱放。
2. 检查安全门是否安全可靠。
3. 装卸模具务必注意安全,模具较重需要两人以上协作。
4. 在注射机开机后,注射机操作台的左、右两边不得站人,严防伤人。
5. 清理模具时,切忌损坏模具和喷嘴等处的光洁表面。

1. 分析注射制品的外观质量,从记录的每次实验工艺条件分析对比试样质量,指明导致各种质量缺陷的原因。

2. 列出注射机的技术参数。报告实验所用原料和助剂,操作工艺条件和注射周期。

3. 用游标卡尺测试 5 个正常试样的尺寸,结合模具尺寸,计算制品的收缩率。

4. 观察注射成型时模具运动速度有何特点,为什么?

5. 观察注射模具结构包括哪几个部分? 指出阴模、阳模、浇口、流道、顶杆。

6. 结合注射模具的结构,分析壁厚的制件、壁薄的制件各容易出现哪些缺陷? 在注射工艺上应该如何调整?

7. 分析用注射成型制作 PE、PC、PP、PS、PA、ABS 的制件时,哪些树脂需要进行预干燥,为什么?

实验三　塑料模压成型

一、实验目的

通过本实验使学生了解热固性塑料成型的基本原理,掌握酚醛树脂(或者脲醛树脂)模压成型方法。

二、实验原理

热固性塑料是以热固性树脂为主要原料,加上各种配合剂所组成的可塑性物料,常见的有酚醛树脂、环氧树脂、脲醛树脂、不饱和聚酯等几大类。这些树脂的共同特点是含有活性官能团,在加工成型过程中官能团能够继续发生化学反应,最终固化为塑料制品。热固性塑料可以通过多种成型方法和工艺,加工成型为各种塑料制品。不同类型的热固性塑料的成型工艺有所不同,其中以酚醛树脂的压制成型最为重要。压制成型又分为模压和层压,层压成型主要用于生产一些薄的板材制品。

模压成型的工艺参数同挤出成型和注射成型相近,也包括温度、压力和时间,其物料的量是根据模具尺寸决定的,一次性加入到模具型腔中,这一点与挤出成型和注射成型不同,因此模压成型不适合连续生产。

模压成型中,温度决定着模塑粉在模具型腔中的熔融状态、流动状况和固化速度快慢。温度高,有利于缩短模压成型的周期,而且又能改善制品的表面粗糙度和制品的力学性能。但温度过高,树脂会因为硬化太快而充模不完整,制品中的水分和小分子挥发物来不及排出,存在于制品中使制品的性能不良。反之,如果温度过低,物料流动性差,物料流程短、流量小,交联固化不完善,生产周期长,也是不宜的。酚醛模塑粉的模压温度通常控制在 145～180℃之间,不同品种的模塑粉和不同的制品其具体的模压温度要通过实验方法确定。

模压压力是指模具在加入物料完全闭合一直到模压成型结束时这段时间内压机施加给

模具的维持压力。模塑粉模压成型压强不等于液压机的油缸压力表的指示压力。液压机的指示压力需考虑制品的压制面积、型腔的个数、模塑粉模压成型压强等参数通过换算而得，如用 N 表示，则 $N=p_0 \times S \times n/1\,000$，其中，$p_0$ 是模塑粉模压成型的压强，酚醛模塑粉一般在 30～35 MPa，酚醛浸胶布在 35～40 MPa，酚醛玻璃纤维模塑粉在 45～50 MPa；S 是每个制件的水平投影面积（cm^2）；n 是一副模具内成型制品的个数，也就是一个模具内型腔的个数，对于共用一个装料室的多型腔模具 n 为 1，此时 S 应该是共用装料室的水平投影面积。实际操作时还要考虑油压机的效率，一般液压机的效率在 80%～90%。

模压时间即保压时间，主要决定于塑料在各个阶段的硬化速度，与制品的厚度、型腔个数、模具的结构形式、模压温度高低等有关。简单的估算方法是：

模压时间＝固化速度×制品厚度，通用型模塑粉的固化速度大约在 45～60 s/mm。

三、实验设备和原料

QLB-D500×500×2 平板硫化机，见图 3-3；压塑模具；烘箱；开模工具等。

酚醛模塑粉。

图 3-3　平板硫化机

四、实验步骤

1. 根据工艺参数设定硫化机上下模板的温度，开机预热。温度达到后，戴劳保防护手套将涂有脱模剂的模具放入上下模板之间。预热的同时，称量每个制件需要模塑粉的量，根据硬化速度、制品厚度估算模压时间。

2. 加料闭模压制。待模具预热完成后，打开压机的上下模板，将预先称量好的模塑粉迅速加入到压机模板上的模具中（模具可以适当靠近操作者放置，加料完毕合模后再推向中央部位），用相应工具使其在模腔中分布均匀，中间略高，迅速合模，合模后迅速起动压机加压闭模。

3. 加压闭模、放气。压机迅速施加到达成型所需要的表压后，即泄压为 0，这样的操作反复两三次，完成放气。

4. 保压固化。压机升压到所需要的成型表压，保压开始，记录保压时间，目的是在保压时间内使塑料交联固化定型,达到工艺要求的保压时间后,泄压为 0,迅速趁热脱模(脱模时取出模具放到工作台上操作,务必戴防护手套)。

5. 实验完毕,关闭所有电源、水源等,清扫干净现场。保存好实验样品,做好相应的编号,待性能测试时用。

五、注解

1. 酚醛树脂

酚醛树脂是酚类化合物和甲醛缩聚反应的聚合物,其聚合方法分为酸法和碱法。碱法树脂多用于层压成型,酸性树脂多为模压料。纯粹的酚醛树脂通常不直接加工和应用,大多数情况是将酚醛树脂与填料和各种配合剂通过一定的共混工艺,将其预先加工成热固性物料,变成加工制品原料。应用最多的是酚醛模塑粉,其成型加工方法主要是压制,其次是注射和挤出等成型。酚醛塑料制品有良好的物理性能,其制品种类很多,广泛应用于电工、电子工业中。

2. 酚醛模塑粉

酚醛塑料模塑粉是多组分塑料,一般由酸法聚合的酚醛树脂、固化剂、配合剂等组成。酸法聚合的酚醛树脂是线性分子的低聚物,相对分子质量通常是几百到几千。酚醛树脂是塑料的主体,选用碱性固化剂,最常用的是六亚甲基四胺,在加热和潮湿的条件下能分解出甲醛和氨气。

$$(CH_2)_6N_4 + 6H_2O \longrightarrow 6CH_2O + 4NH_3$$

填料和配合剂包括木粉、石灰、氧化镁、润滑剂等。木粉是一种有机填料,是天然纤维素,其分散于酚醛树脂的网状结构中,起到增容、增韧以及降低成本的作用。此外,纤维素中的羟基也可能参与树脂的交联,有利于改变制品的力学性能。石灰和氧化镁都是碱性物质,对树脂的固化起到促进作用,也可以中和由于酸法聚合得到的酚醛树脂中残留的酸,使交联固化更加完善,有利于改善酚醛树脂塑料制品的耐热性和机械强度。硬脂酸盐类物质作为润滑剂,不但能增加物料混合和成型时的流动性,也利于成型后脱模。

3. 酚醛模塑粉制备

酚醛树脂和各种配合剂通过一定的共混加工程序就得到酚醛树脂模塑粉。共混的工序是首先对块状树脂进行粉碎,然后和配合剂捏合混合,再在 130℃ 左右温度下进行辊压塑炼,再经过冷却、磨碎而成。模塑粉中的树脂已经经过高温的塑炼,具有适宜的流动性,也有适当的细度、均匀度和适当的挥发物含量,可以满足制品成型和使用的要求。

将酚醛树脂首先用粉碎机粉碎,木粉在 80℃ 干燥 1 h 以上,而后将准确称量的各个组分(木粉除外)依次加入捏合机,开动捏合机混合 20 min,然后加入木粉再混合 30 min,停机出料。将混合物在塑料双辊开炼机上进行塑化,两个滚筒的温度分别调整为 100℃ 和 130℃,辊距控制在 1~5 mm,塑化操作参照热塑性塑料的塑炼操作进行,混合物料加入到辊隙之间,形成包辊后,酚醛树脂会因为辊筒的加热而融化,并且浸渍其他组分;形成包辊后用长割刀进行翻炼,促进物料混合均匀。必须在辊的水平中心线以下进行操作,防止被辊筒烫伤,必要时触动紧急刹车。最终辊压后的物料为黑色片材,冷却后脆而硬,用锤子将塑化后片材打碎成 50 mm 以下的碎片,采用粉碎机把碎片粉化,模塑粉要有良好的松散性和均匀度。

4. 酚醛模塑粉压制过程的变化

酚醛塑料模塑粉模压成型是一个物理变化伴随化学变化的过程,模塑粉中的树脂在一定的温度和压力下熔融、流动、充模、成型。在发生物理状态变化的过程中,树脂上的活性官能团发生了化学反应,分子间继续缩聚相互交联;在经过适当的时间后,树脂从共混后的比较难熔、难溶状态逐步发展成不熔不溶的三维网状结构,最终经过保温固化完全,得到稳定的制品。

六、实验注意事项

1. 务必穿长袖、长裤防护工作服并戴劳保防护手套进行操作,防止烫伤和挤伤。
2. 加料时要迅速,脱模时要迅速,整个过程防止烫伤、砸伤和挤伤。
3. 脱出来的制品要小心轻放到工作台上冷却。压制制品要放置 24 h 以上才能进行性能测试。
4. 脱膜和清理模具时,切忌损坏模具的光洁表面。

七、思考题

1. 写出酚醛树脂在碱性条件下进一步缩合和交联的反应式。
2. 列出平板硫化机技术参数,报告实验所用原料和助剂,操作工艺条件。
3. 分析模压制件的表面质量受工艺条件的影响情况;结合力学性能测试结果,分析力学性能与实验工艺条件之间的关系。
4. 热固性塑料模压成型为什么要排气?
5. 热固性塑料制件和热塑性塑料制件是否都可以回收利用,为什么?
6. 模塑粉模压温度和时间对制品质量是如何影响的? 如何协调两者关系?

实验四　橡胶的塑炼与混炼

一、实验目的

了解橡胶塑炼和混炼的基本原理,掌握橡胶塑炼和混炼工艺,掌握开放式炼胶机的使用方法。

二、实验原理

生橡胶是由线形大分子或者带支链的线形大分子构成,在外力作用下,其力学性能较低,基本无使用价值,因此生胶需要通过一系列的加工才能制成有用的橡胶制品,其中橡胶的塑炼和混炼就是两个重要的橡胶加工过程。

生胶的相对分子质量通常很高,从几十万到几百万以上,过高的相对分子质量带来的强韧高弹性给加工带来极大的困难,必须通过塑炼使之获得一定的可塑性和流动性,才能满足混炼、压延、压出、硫化、模压、注射等各种加工过程的工艺性能要求。因此将生胶由强韧的弹性状态转变为柔软和便于加工的塑性状态,使生胶增加可塑性这一塑炼过程非常重要。目前生胶塑炼加工中使用最广泛而又行之有效的增塑方法为机械增塑法,其原理在于利用机械的高剪切力作用使橡胶大分子链破坏降解而获得可塑性。选用开放式炼胶机进行机械法塑炼,橡胶置于开炼机的两个相向转动的辊筒间隙中,反复受到机械力作用而降解,降解后的大分子自由基在空气中被氧化,发生一系列化学反应,最终达到一定的可塑度,满足混炼的要求。塑炼的程度和效率主要与辊筒的间隙、温度有关。间隙越少,温度越低,机械与化学作用越大,塑炼效率越高。此外,塑炼时间、工艺操作及是否加入化学塑解剂也会影响塑炼效果。

混炼是在塑炼基础上的又一个炼胶工序,橡胶的混炼工艺过程可以通过开炼机来实现。影响混炼效果的因素有温度、辊距、装料容量、转速和转比、时间、混炼时的包辊性、加料顺序和翻炼方法等。这些条件的控制均以手工操作为主,尤其是翻炼方法,受人为因素影响较大。由于开炼机只有一个方向固定剪切力分布所形成的呆滞层,需要采用人工翻炼的方法,不断改变物料的受力位置,以便在较短的时间内有效地完成混合塑化。因此,混炼胶的质量(均匀分散、均匀分布、一定的可塑度)在很大程度上取决于操作者的经验和操作技术,熟练掌握这一操作技术是得到正确实验结果的重要保证。为保证混炼胶的质量,在开炼机上的混炼均有严格的规范操作程序和操作条件,不同规格的设备、不同的胶料、不同的配合剂,其操作程序均有所不同。其中配合剂的添加次序是影响开炼机混炼的最重要因素之一,加料顺序不当有可能造成配合剂分配不良,使混炼速度减慢并有可能导致胶料出现焦烧和过烧现象。加料顺序一般为:① 促进剂、防老剂、硬脂酸。这一类小药用量小,在胶料中所起的作用又很大,所以对其分散均匀度要求高,故应先加。此外,防老剂先加有利于防止胶料高温下混炼造成的老化。硬脂酸是一种表面活性剂,可以改善橡胶大分子和亲水性配合剂之间的相互作用。② 氧化锌。氧化锌是亲水性的,在硬脂酸加入之后再加,有利于其在橡胶中的分散。③ 补强剂。如炭黑。④ 液体软化剂。液体软化剂具有浸润性,容易使补强剂等粉料结团,通常要在补强剂加入之后加。⑤ 硫磺。硫磺与促进剂必须分开加入,为了防止混炼过程中出现焦烧,通常在混炼后期降温后加入硫磺,但对有些橡胶(如丁腈橡胶),由于硫磺在橡胶中的分散特别困难,硫磺则宜早加,最后才加入促进剂。

三、设备和原料

XK－160A 型开炼机(炼胶机),如图 3－4 所示。

图 3－4　XK－160 A 型开炼机

天然橡胶(马来西亚1号烟片胶),促进剂CZ,防老剂RD,硫磺,软化剂,炭黑,硬脂酸,ZnO。

混炼实验配方:

天然橡胶(塑炼胶)	100 份	促进剂 CZ	3 份
防老剂 RD	2 份	硫磺	3 份
软化剂(30# 机油)	3~5 份	炭黑(HAF)	60 份
ZnO	5 份	硬脂酸	2 份

四、实验步骤

1. 生胶的塑炼

(1) 称取一定量的天然橡胶。

(2) 在指导教师和实验工作人员允许后,按机器操作规程开机试运行,观察机器是否运转正常。

(3) 检查生胶中是否有金属等异物,若无异物即可进行塑炼。

(4) 破胶:将辊距调节至1.5 mm左右,在靠近大牙轮一端操作,以防损坏设备。破胶时要依次连续投料,不宜中断,以防胶块弹出伤人。

(5) 薄通:将辊距调至0.5 mm,辊温控制在45℃左右。将破过胶的胶片靠大牙轮的一端加入辊筒,使之通过辊筒间隙,让胶片直接落入接料盘中,当辊筒上无堆积胶料时,将盘内胶片扭转90度,重新投入辊筒间隙内继续薄通到所规定的时间(10~15 min)。

(6) 捣胶:将辊距放宽到1 mm,使胶料包辊后,手握割刀从左(右)方向向右(左),割刀近右(左)边缘(约4/5,不要割断),再向下割,使胶料落在接料盘上。到堆积胶块消失时停止割刀,而后割落的胶随着辊筒上的余胶带入辊筒左(右)方。然后再从右(左)向左(右)同样割胶,反复多次。

(7) 将辊距调到所要求的下片厚度,切割下片。

(8) 塑炼胶料停放24 h以上,备混炼用。

2. 胶料的混炼

(1) 配料:按混炼胶的实验配方称取所需原料。

(2) 调节辊筒温度:使前辊筒维持在50~60℃,后辊较前辊略低些(50~55℃)。

(3) 包辊:将塑炼胶投入辊缝,调整辊距使辊缝上部维持适量堆积胶,经2~3 min后,塑炼胶均匀连续地包于前辊,形成光滑无缝隙的包辊胶层,取下胶,放宽辊距至1.5 mm,再把胶投入辊缝使其包前辊,准备加入配合剂。加料顺序为:天然橡胶塑炼胶→小料(促进剂、防老剂、硬脂酸)→氧化锌→炭黑→30# 机油→硫磺。

(4) 吃粉:投加配合剂应按加料顺序进行,每加完一种配合剂均需捣胶2次。在加填充剂和补强剂时应逐步调宽辊距,使堆积胶量保持在适宜的范围内。待粉料完全吃完后,由中央割刀,分经两端,进行捣胶操作,促使胶料均匀。

(5) 切割翻炼:各种配合剂加完以后,将辊距调至0.5~1.0 mm,一般用打三角包、打卷和走刀法等翻炼至符合要求为止。翻炼过程中应取样测定可塑度(门尼黏度)。

a. 打三角包:在0.5~1 mm辊距下,将包辊胶割开,用右手捏住割左下角,将胶片翻至右下角,用左手将右上角翻至左下角,以此反复至胶料全部通过辊筒。

b. 打卷法：将包辊胶割开，顺势向下翻卷成圆筒至胶料全部通过，然后将卷筒垂直投入辊筒，反复至规定次数。

c. 走刀法：用割刀在包辊胶上交叉割刀，连续走刀，不割断胶料，使胶料改变受剪切方向，更新堆积胶。整个翻炼时间掌握在 5 min 左右，割刀 8~10 次。

(6) 下片：将辊距调至约 3 mm，下片。

(7) 将混炼胶停放冷却 16 h 以上，备硫化用。

(8) 混炼胶的称量：混炼胶在停放冷却前应检查是否符合混炼要求。生胶和配合剂的损耗量控制在以下范围：

纯胶配方：　　　　≤0.3%
一般胶料：　　　　≤0.6%
炭黑等易飞扬胶料：　≤1.0%

如不符合上述要求，应重新混炼。

五、注解

1. XK-160A 型开炼机

主要用于加工橡胶，因此又称之为"双辊炼胶机"，它是由两个不同转速的向心圆柱形辊筒提供强大的挤压剪切作用力，对物料进行辊轧从而达到各组分相互掺和分散的目的。XK-160A 型开炼机的辊筒内为空心，可以通入冷却水吸收橡胶塑炼时的摩擦热，维持操作温度。主要技术参数：

辊筒工作直径	160 mm	辊筒工作长度	320 mm
后辊转速	24 r/min	前辊转速	17.80 r/min
最大辊距	5 mm	最小压片厚度	0.2 mm
加料量	100~1 000 g		

2. 其他方法

在工业上，特别是炭黑混炼胶的制备上，通常采用密炼机进行橡胶的混炼，与开炼机混炼相比，密炼机混炼特别适合于胶料配方品种变换小、生产批量大的现代化大规模生产，此外，密炼机还存在下列优点：

(1) 自动化程度高，生产效率高，劳动强度低，操作安全。

(2) 密闭操作，药品飞扬损失少，有利于胶料质量的保证，并改善了操作环境条件。

(3) 胶料中的炭黑分散度高，混炼胶质量均匀。

六、安全提示

1. XK-160A 开炼机操作必须按规程进行，集中精力。

2. 割刀必须在辊筒中心线以下操作。

3. 禁止戴手套操作，手一定不能接近辊缝。操作时双手尽量避免越过辊筒中心线上部，送料时应握拳。

4. 如遇到危险时应立即触动安全刹车。

5. 留长辫的学生应事先戴帽或将辫子结扎短些。

七、结果处理

称量结果记入表 3-1 中。

表 3-1　实验用胶料配方

项　　目	重量(g)
天然橡胶(塑炼胶)	
硫磺	
促进剂	
防老剂	
炭黑	
硬脂酸	
氧化锌	
机油	
配方总量	
混炼胶的质量	

八、思考题

1. 生橡胶为什么要塑炼、混炼?
2. 混炼过程中为什么要注意加料顺序?
3. 生胶及混炼胶有何不同?
4. 使用 XK-160A 型炼胶机需注意哪些问题?

实验五　橡胶硫化曲线测定

一、实验目的

通过胶料硫化曲线的测定,掌握无转子硫化仪的使用方法;学会分析硫化曲线,掌握硫化过程的特征。

二、实验原理

橡胶硫化是橡胶加工中最重要的工艺过程之一,在这一过程中橡胶发生了一系列复杂的化学反应,橡胶大分子链发生交联反应是在一定的温度、压力和时间下通过一定的方式来实现的。硫化条件的不同,将会影响橡胶制品的物理机械性能。因此,必须根据不同胶料、不同制品的大小和形状等,通过实验找到最佳硫化条件,以获得理想的橡胶制品。

无转子硫化仪测定胶料硫化特性原理：实验胶料放入具有规定压力、保持设定硫化温度、完全密闭的实验模腔内，其中一个模腔以一定频率（1.7 Hz）和振幅（±0.5°、±1°）振荡，模腔的振荡使试样产生剪切应变，此时试样将对该模腔产生一个反作用力矩，得到力信号，力信号通过与之相连的传动部分传到测定装置传感器上，传感器把力信号转换成电信号，电信号通过固定的控制装置转化成扭矩信号（转矩），在计算机上绘制出来，得到硫化曲线，如图 3-5 所示。对硫化曲线常用平行线法进行解析，就是通过硫化曲线最小转矩和最大转矩值分别引平行于时间轴的直线，该两条平行线与时间轴距离分别为 M_L 和 M_H，即 M_L 为最小转矩值，反映未硫化胶在一定温度下的流动性；M_H 为最大转矩值，反映硫化胶最大交联度。焦烧时间和正硫化时间分别以达到一定转矩所对应的时间表示，焦烧时间 t_{s1} 为从实验开始到曲线由最低转矩上升 1 kg·cm 所对应的时间；起始硫化时间 t_{c10} 为转矩达到 $M_L+10\%$ (M_H-M_L)时所对应的硫化时间；正硫化时间 t_{c90} 为转矩达到 $M_L+90\%(M_H-M_L)$时所对应的硫化时间；通常还有硫化速度指数 $V_C=100/(t_{c90}-t_{sx})$。硫化曲线的形状与实验温度和胶料特性有关。

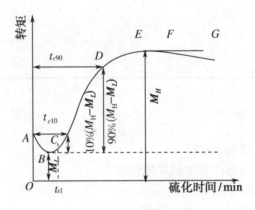

图 3-5　硫化曲线

三、实验仪器和试样

MDR-2000E 型橡胶硫化仪，如图 3-6 所示。
混炼胶试样。

图 3-6　MDR-2000E 橡胶硫化仪

四、实验步骤

1. 温度和时间设定。

(1) 依次打开显示器、打印机、电脑、主机开关。

(2) 设定实验温度：在主界面下，按动温度设定下面的温度读数，即进入温度设定界面，按动加或减的按钮，即可将温度设定为所需要的值，然后按返回键，便完成温度的设定，返回到主界面。

(3) 实验时间设定：在主界面上，按动时间设定下面的数值，即可进入实验时间设定的界面。按动加或减键，使读数显示所需要的时间，按返回键，即可完成实验时间设定。回到主界面。

(4) 胶料编号：点击主界面中编号下面的"时间"，对试样进行编号，或点击"手工"再用系统内字符或 WINDOWS 内部字符编号。同种胶料编号：只要在第一次实验完成，开模之前，点击"加 1"，以后的编号将自动加 1。

2. 按"加热"按键，对模腔进行加热升温，待模腔温度达设定值并稳定后，开始实验。

3. 按"开模/合模"开关，打开模腔。

4. 将直径约为 38 mm，厚度 4~5 mm，质量约 6.5 g 左右的圆形试样放入模腔中。

5. 将"手动/自动"开关切换到"自动"。

6. 按"开模/合模"开关，关闭模腔，实验自动开始，达到设定实验时间后，实验会自动结束，若在实验过程中要结束正在进行的实验，只要点击"曲线图"界面中的"停止"，实验即可终止。

7. 全部实验结束后，开模，取出试样并清除模腔内的残料，将"手动/自动"切换到"手动"，按"合模"键，关闭"加热"开关，将界面返回到主界面，点击"结束"键，退出硫化仪实验状态，然后关掉仪器主机电源，再按正常顺序关闭电脑及其余外围设备。

五、实验结果与数据处理

将所测实验数据填入表 3-2 中。每种实验样品数量不应少于 2 个，实验精度用最大转矩和正硫化时间两个指标控制，同一胶料两个试样的最大转矩的差不得大于 2 kg·cm，t_{90} 的差不得大于 4 min。

表 3-2　实验数据记录

试样名称	1	2	3	4	5
实验温度/℃					
最小转矩 M_L/kg·cm					
最大转矩 M_H/kg·cm					
$M_L + 10\%(M_H - M_L)$/kg·cm					
$M_L + 90\%(M_H - M_L)$/kg·cm					
正硫化时间 t_{90}/min					

六、注解

MDR-2000E 型橡胶硫化仪由机械部件、气动系统、电气控制三部分组成。该机主要技术参数如下,控温范围:室温～200℃;升温时间:≤10 min;温度波动:≤±0.3℃;力矩量程:0～10 N·m;力矩显示分辨率:0.001 N·m;摆动频率:1.7 Hz(100 r/min);摆动角度:±0.5°(±1°);机械部件分为机箱、上下模腔、摆动机构和测力传动机构;气动系统分为开合模气缸、移门气缸和电磁阀等;电气控制分为强电控制线路板、测控模块、测温控温元件、按键面板及 PC 电脑、打印机。

七、安全事项

1. 在按"加热"按键之前,应首先检查"电机"按键是否处于高位状态(电机不转)。
2. 调节温度时,在"曲线图"界面上,上模或下模温度值显示为-246.84℃时,应立即关掉电源。断电后,首先检查铂电阻是否断路或短路,否则有烧断加热盘及烧坏模块的危险,后果极其严重。

八、思考题

1. 什么叫正硫化时间、焦烧时间?
2. 橡胶硫化特性曲线的测定有什么意义?

实验六　橡胶硫化成型

一、实验目的

了解橡胶硫化成型的基本原理,掌握平板硫化机的使用方法。

二、实验原理

在橡胶制品生产过程中,硫化是最后一道加工工序。在这道工序中,橡胶经过一系列复杂的化学反应,由线型结构变成体型结构,失去了混炼胶的可塑性,具有了交联橡胶的高弹性,进而获得优良的物理机械性能、耐热性、耐溶剂性及耐腐蚀性能,提高了橡胶制品的使用价值和应用范围。

橡胶硫化前后发生了变化。硫化前:线形结构,分子间以范德华力相互作用,可塑性大,伸长率高,具可溶性;硫化时,分子被引发,发生化学交联反应;硫化后,网状结构,分子间主要以化学键结合,不能溶解,只能溶胀。硫化后橡胶力学性能如弹性、扯断强度、定伸强度、撕裂强度、硬度都得到提高,而伸长率、压缩永久变形、疲劳生热降低。此外,透气率、透水率降低,耐热性、化学稳定性提高。

根据制品的性能和用途不同,橡胶材料的硫化过程可采用多种不同的硫化方法。硫化方法主要有:(1) 按硫化温度分类,分为冷硫化、室温硫化及热硫化三种工艺方法,其中热硫化是目前大多数橡胶制品普遍采用的方法,如各种轮胎制品的硫化。(2) 按硫化介质分类,分为热水法、热空气法、热空气和水蒸气的混合气体法以及固体介质法等。(3) 按硫化设备分类,分为平板机硫化、硫化罐硫化、个体硫化机硫化以及注压硫化等。(4) 按生产方式分类,分为间歇生产和连续生产,前者如轮胎及各种橡胶制件的生产,后者如各种长条形橡胶制品,比如汽车及各种门窗密封条在微波作用下的连续硫化。

本实验主要通过对天然橡胶的平板硫化操作来掌握平板硫化机特点、压力和温度调整方法,了解硫化过程及影响因素,掌握硫化过程对制品性能的影响。

三、实验仪器和原料

实验仪器为 25 t 平板硫化机,见本章实验三"塑料模压成型"。疲劳、磨耗模具各一套。自制天然橡胶混炼胶。

四、实验步骤

1. 根据硫化工艺条件,对压机进行压力调整和温度调整。

2. 根据制品面积、所需压力和油压机的技术规范,计算出油压机的表压。

3. 按油压机操作程序,检查油压机各部分的运转,同时将平板硫化机加热到硫化所需的温度。

4. 将清理好并涂好脱模剂的模具放入压机的加热板间约 10 min(应戴上手套!)。

5. 将胶料分别称重,G_1(磨耗模具用),G_2(屈挠疲劳模具用),待用。

6. 取出预热好的模具,并将称好的胶料装入模具中,重新放回压机的加热板上,加压到规定的表压。

7. 反复将模具放气三次,然后保压,并开始计算硫化时间。

8. 到规定的硫化时间后,取出模具并脱模(此时应注意安全),以备测定性能用。

9. 清理好模具,停机,切断电源。

五、实验结果

硫化压力(表压):_____MPa

硫化温度: _____℃

硫化时间: _____min

六、安全事项

1. 模具须位于平板中间,以免受力不均,从而导致制品厚薄不均。

2. 硫化时,温度和压力必须严格控制,上下模具温度尽量保持一致,操作时应戴好手套,严防烫伤。

七、思考题

1. 硫化过程中为什么要放气?

2. 在硫化操作中应该注意哪些问题?

3. 如何计算本实验中疲劳及磨耗试样的硫化压力?

实验七　摩擦材料与制品制备及性能评价

一、实验目的

了解摩擦材料的制备工艺,学会使用定速式摩擦实验机评价制品性能。

二、实验原理

随着机械工业的不断发展,各种机器和结构的功率、速度和负荷迅速增加,对摩擦材料的要求也越来越高。由摩擦材料制成的零件和其对偶组成的摩擦部件是机器中的关键部件,广泛应用于工业机械、铁道车辆、飞机和汽车中的摩擦制动器、离合器等。它决定了机器工作的可靠性和寿命,有时甚至决定人们的生命安全。对摩擦材料的基本要求是:由其制造的摩擦零件在摩擦中能将工作时大量动能短时间内转化为热能,摩擦材料经多次制动而摩擦零件和对偶材料没有大的损伤,不影响工作性能,也就是说摩擦材料要满足性能稳定、使用寿命长和工作平稳等相关的综合要求。

聚合物摩擦复合材料具有原料易得,价格便宜,性能调控余地大,工艺及生产设备简单等优点,是最早应用于汽车和机械工业中的摩擦材料。汽车离合器和制动器对聚合物摩擦复合材料的要求是:(1) 要有稳定的摩擦系数和较低的磨损率;(2) 较高的耐热性能和足够的强度和韧性;(3) 耐汽油、水等介质;(4) 噪音低;(5) 成本适宜。以改性酚醛树脂为黏结剂的混杂纤维摩擦复合材料,可以使制品硬度降低,柔韧性增加,在摩擦发热时可产生塑性变形,增加了摩擦的接触面,从而提高了摩擦系数,并在某种程度上可防止噪音,形成又软又有韧性的碳化膜,不易脱落,使表面组成和发热均一,从而保证稳定的摩擦性能。聚合物基摩擦复合材料一般包括以下三个组分。

1. **聚合物基体**。大量使用改性酚醛树脂,改性目的是增加酚醛树脂的耐热性,在高温分解后仍能维持一定强度,改善其脆性及增强其共混效果。酚醛树脂的改性物中较多使用油脂及腰果壳油,亦可采用硼酚醛;采用一些耐高温的非酚醛型聚合物,如聚芳酯、聚芳酰胺、聚芳亚胺等也是有益的。其他使用的聚合物有三聚氰胺甲醛树脂、呋喃树脂、聚酚醚树脂等。

2. **增强材料**。目前大力发展非石棉型摩擦材料,增强材料有天然吹炼成的矿物纤维、钢纤维、玻璃纤维、碳纤维和有机纤维等,对纤维进行表面处理对于提高摩擦材料性能是很重要的。

3. **摩擦性能调节剂**。摩擦材料除了增强材料和聚合物所呈现的摩擦性能以外,不足之处往往依靠各种摩擦性能调节剂来弥补。例如,摩擦材料的预期摩擦效果、磨损的减少、提高恢复性、改善热衰退、降低噪音以及在水、油存在时的摩阻效率的保持等,都和摩擦性能调节剂的加入及用量有关。摩擦性能调节剂主要有下列几种:

(1) 无机填料。一般用得多的有各种天然矿石、合成氧化物及盐类。如陶土、高岭土、云母、硫酸钡(包括重晶石)、氧化钡、三氧化二铝(包括铝矾土)等。

(2) 有机摩擦粉。炭黑、石墨、橡胶粉、炭化腰果壳粉等。

(3) 金属。主要是减少磨损、改善导热性及高温摩擦系数稳定性。有人认为在表面层的某些金属碎屑,当摩擦温度接近其熔点时,金属的熔融涂层对摩擦表面起一定的增强作用。采用的形式有金属粉、金属屑、丝状物等,采用的金属种类有铁、铜、锌、铝等。

三、设备与原料

D-MS定速式摩擦实验机,如图3-7所示,高速混合机,平板硫化机。

酚醛树脂粉,炭黑,钢纤维,针状硅灰石,硫酸钡(粉状)。

图3-7 定速式摩擦材料实验机

四、实验步骤

1. 摩擦材料制备

(1) 摩擦材料配方(100份):酚醛树脂粉15~25,炭黑5~10,钢纤维15~30,针状硅灰石15~25,剩余部分为硫酸钡(粉状)。

(2) 将各组分按配方称重,采用干法混料,用高速混合机将原料混合均匀。将混合好的原料放置烘箱中烘干(70℃,2 h),待用。

(3) 采用模压成型工艺制备矩形摩擦片,压制温度为(160±5)℃,压制压力为(25±5)MPa。模压过程中需放气2~3次。具体模压成型工艺请参照模压成型实验。

2. 摩擦性能测试

(1) 摩擦片的热处理,先在温度为130℃进行2 h,然后150℃再进行8 h。摩擦片摩擦性能按GB 5763—1998《汽车用制动器衬片》,采用D-MS定速式摩擦实验机测试。

(2) 从上面制备的摩擦片上割取两个试样,试样片摩擦面尺寸为25 mm×25 mm,允许偏差为-0.2~0 mm。试样厚度为5~7 mm,2个试样的厚度差要小于0.2 mm。

(3) 按实验要求,确定砝码重量,把砝码挂在砝码盘上。

(4) 把试片装到试片夹具的方孔中,上面装上压板,压板的球面朝上。再把试片夹具装到试片支撑臂的燕尾槽中。调节加压杆的水平,使杠杆水平指示器指向零位,锁紧。

(5) 把热电偶放到摩擦盘上,打开测温开关,按启动按钮,在100℃以下的温度进行试片的磨合,至接触面达95%以上。磨合之后,在常温下用游标卡尺测试其4个角和中心处的厚度,做好记录并做好标记。

(6) 在实验规定的温度 100℃下,作额定转数(5 000 转)的实验。记录滚筒上装上记录纸,放下热电偶,计数器清零,预设转数,按风机启动按钮(也可在喷嘴加水调温之前启动),启动主电动机,用粗微调喷嘴控制实验温度,允差±10℃,达到预设的额定转数后,自动停机,记录测量的试片厚度。

(7) 使用同样的方法在各个规定的实验温度(如 150℃、200℃、250℃、300℃、350℃)下进行实验操作并作记录。

(8) 测试实验结束后,待实验机摩擦盘温度降至 100℃左右,方可关闭冷却水和总电源。

五、结果记录与处理

1. 在测定圆盘旋转 5 000 转期间,圆盘温度应在 1 500 转内升至各个规定的实验温度。若不能在此转数内升到,可以使用辅助加热装置,使温度达到规定的实验温度。

2. 各实验温度下的摩擦系数计算公式为

$$\mu = \frac{f}{F} \tag{1}$$

式中:μ 为摩擦系数;f 为摩擦力(总摩擦距离后半部分稳定的摩擦力平均值),$f = Ks$(N);F 为加在试样上的法向力(N);K 为弹簧常数(N/mm);s 为基线和曲线之间的距离(mm)。

各实验温度下磨损率的计算公式为

$$w = \frac{1}{2\pi r} \cdot \frac{A}{n} \cdot \frac{d_1 - d_2}{f_m} \tag{2}$$
$$= 1.06 \times \frac{A}{n} \cdot \frac{d_1 - d_2}{f_m}$$

式中:w 为磨损率($cm^3/N \cdot m$);r 为试样中心与圆盘旋转轴中心的距离(15 cm);n 为实验圆盘的总转数;A 为试样摩擦面的总面积(cm^2);d_1 为实验前试样的平均厚度(cm);d_2 为实验后试样的平均厚度(cm);f_m 为实验时总的平均摩擦力(N)。

3. 在某一个温度下实验后,必须待试片完全冷却,再测量其厚度。把几种温度实验完,取下记录纸,综合分析,计算出各种温度下实验试片的摩擦系数。

六、注解

1. 原料性质

酚醛树脂是最早进行工业化生产的合成材料之一,由酚类单体与醛类单体经缩聚反应制成。酚类单体主要是苯酚、甲酚、苯酚的一元烷基衍生物等,醛类单体主要是甲醛,其次为糠醛等。依催化剂的不同分为两种合成路线:在强酸性和弱酸性条件下合成的称酸法树脂;在碱性条件下合成的称碱法树脂。酚醛树脂作为摩擦材料的黏结剂,其性能好坏直接影响摩擦制品的性能。普通酚醛树脂由于较脆,其制品的抗冲击性能较差,因此研究增韧酚醛是酚醛树脂改性的重要方向。酚醛树脂的增韧方法主要有接枝共聚、嵌段共聚、共混改性以及引入纳米粒子增韧改性。

2. 定速式摩擦实验机

定速式摩擦实验机是 GB 5763—1998、GB/T 5764—1998、GB 12834—2000 等标准规定的摩擦实验机,具有结构简单、成本低等优点,是目前国内广泛使用的一种小样品实验机。

主要技术参数如下。电机功率:7.5 kW;加热电源功率:4.0 kW;电源:380 V;摩擦盘:材料 HT250、硬度 HB180 - 220、珠光体组织;主轴转速:400～500 r/min;加载:最小面压, 0.3 MPa,最大面压,0.98 MPa;主机外形尺寸:1 750×1 250×1 420。

3. 影响摩擦材料性能的因素

凡是影响摩擦特性的因素,对磨损也都有影响,如摩擦材料成分、负荷、滑动速度、温度、润滑情况、对摩材料性能、表面粗糙度等。摩擦材料的磨损,在低温区主要属于磨粒磨损和黏着磨损,而在高温区,则受磨粒磨损、黏着磨损、热疲劳磨损和热氧化磨损影响,但由于后两者的作用强度远大于前两者,因而高温区磨耗主要由热疲劳磨损和热氧化磨损控制。

七、安全提示

1. 在制备摩擦材料时,由于平板硫化机工作在高温高压下,应特别注意:不要将手或身体其他部位触碰或伸入上、下模板中,以免发生烫伤或夹伤事故。

2. 摩擦实验机在安装完试样进行测试前,一定要检查是否把试片放入套板内,在确定无误后,方可开机,并且实验者不要站在实验机摩擦盘的切线方向,以免试片飞出伤人。

八、实验前预习的问题

1. 写出制备半金属型摩擦材料的工艺流程。
2. 理解摩擦材料摩擦系数和磨损率的物理意义。

九、思考题

1. 半金属型摩擦材料各组分的作用是什么?
2. 如何制备摩擦系数平稳即摩擦系数随温度变化小的摩擦材料?
3. 性能优良的摩擦材料对酚醛树脂性能有哪些要求?

实验八 溶胀法测定交联材料的交联密度

一、实验目的

掌握测定交联密度的方法,通过交联密度测定研究硫化胶的结构、硫化程度。

二、实验原理

线型聚合物在适当的溶剂中能溶解,但当线型聚合物之间以化学键彼此联结后,整个聚合物就形成了体型大分子(网状结构),这种交联聚合物不能被溶剂溶解,而只能被溶剂分子溶胀,因此常用单位体积内交联点的数目或者是交联点之间分子链的平均相对分子质量来作为判断交联程度的指标。这一指标是以一定量交联聚合物达到溶胀平衡后在交联聚合物内所吸收溶剂的多少来具体反映,或者用聚合物占溶胀物的体积分数表示。另外,吸收溶剂的多少,一方面与交联点的多少有关,同时也与溶胀的温度有关。

橡胶经过交联能改善性能,未硫化的生胶很软,容易形变,外力去除后仍保留较大的不可逆形变。为了避免产生不可逆形变,因此生胶必须经过硫化交联。但是,随着交联度的增加,链段活动性降低,使得橡胶变硬,产生的高弹性形变减小。因此,要通过控制适当的硫化条件来保持适当的交联度。本实验就是采用溶胀法来测定不同硫化程度橡胶的交联度。

Flory-Rehner 公式可以计算交联密度:

$$v = 2n = -\frac{\ln(1-V_r) + V_r + \mu V_r^2}{V_s \rho_r \left(V_0^{\frac{2}{3}} V_r^{\frac{1}{3}} - \frac{V_r}{2}\right)} \tag{1}$$

式中:v 为单位质量橡胶中网络链数(mol/g);n 为单位质量橡胶中交联键数(mol/g);V_r 为在溶胀样品中橡胶体积分数;V_0 为未溶胀样品中橡胶体积分数;V_s 为溶剂的摩尔体积(cm³/mol);ρ_r 为生胶密度(g/cm³);μ 为橡胶与溶剂相互作用参数。

其中,

$$V_r = \frac{\dfrac{m_0 \alpha}{\rho_r}}{\dfrac{m_1}{\rho_s} + \dfrac{m_0 \alpha}{\rho_r}} \tag{2}$$

式中:m_0 为溶胀样品中橡胶的质量(g);m_1 为溶胀样品中溶剂的质量(g);$m_1 = m_s - m_0$;m_s 为试样溶胀平衡后的质量(g);ρ_s 为溶剂的密度(g/mL);ρ_r 为生胶的密度(g/cm³);α 为配方中生胶的质量分数($\alpha = W_{生胶}/W_{混炼胶}$)。

$$V_0 = \frac{\dfrac{m_r}{\rho_r}}{\dfrac{m_r}{\rho_r} + \dfrac{m_c}{\rho_c}} \tag{3}$$

式中:m_r 为生胶的质量(g);m_c 为炭黑的质量(g);ρ_r 为生胶的密度(g/cm³);ρ_c 为炭黑的密度(g/cm³)。

$$V_s = \frac{M_s}{\rho_s} \tag{4}$$

式中:M_s 为溶剂的摩尔质量(g/mol);ρ_s 为溶剂的密度(g/mL)。

将公式(2)、(3)、(4)代入公式(1),即可求出交联密度。

溶胀法测定交联度只适用于中等交联程度的聚合物。交联度太高,相邻交联点之间的分子链太短,缺乏应有的柔性,溶胀体积增量很小,实验误差很大;相反,交联度太低,样品会存在大量的自由链端,它们可以自由运动,没有起到交联的作用,对溶胀性没有贡献,也会引起较大误差。

三、实验仪器和试样

实验仪器:

恒温水浴	1 套
大试管(带塞子)	若干支
50 mL 烧杯	1 个
称量瓶	1 支
剪刀	1 把

滤纸	若干
镊子	1 把
分析天平	精度 0.001 g

实验试样：

不同交联度的顺丁橡胶，取 1 cm² 左右，溶剂为苯。顺丁橡胶在 30℃的苯溶液中 $\mu=$ 0.39，苯 $\rho_s=0.874$ g/mL，顺丁橡胶的生胶 $\rho_r=0.91$ g/cm³，高耐磨炭黑 $\rho_c=1.82$ g/cm³。

四、实验步骤

1. 取一定面积(1 cm²左右)硫化胶试片，用分析天平准确称量到 0.001 g，即为 m_0。

2. 恒温水浴控制水温为 30℃，将大试管中装入苯(苯的量到试管的三分之一处)，将塞子塞好后放入恒温水槽中升温稳定在 30℃。

3. 将称好的试样用镊子夹住分别放入盛有溶剂的试管中，塞好塞子进行溶胀。

4. 待溶胀平衡后(样品的体积不再增加，说明达到溶胀平衡)，取出瓶中样品，用滤纸迅速吸去试样表面多余的苯(注意：切勿挤压试样)，立刻移入已称量的称量瓶中，准确称量到 0.001 g，即为 m_s。

5. 将测试的数据代入公式计算不同试样的交联密度。

五、实验注意事项

1. 操作过程中注意安全，要求符合一般化学实验的要求。

2. 称量准确，切勿挤压试样。

3. 实验完毕，收拾实验现场。

六、思考题

1. 溶胀法测定聚合物的交联密度有什么优点和局限性？

2. 样品交联度过高或者过低对结果有何影响，为什么？

3. 线性聚合物和体型聚合物在适当溶剂中，它们的溶胀情况有何区别？

实验九　硫化橡胶耐磨耗、屈挠龟裂测定

一、实验目的

了解硫化橡胶磨耗原理，掌握阿克隆磨耗实验机使用方法；了解硫化橡胶屈挠龟裂的原理，学会 De Mattia 屈挠实验机的使用方法。

二、实验原理

橡胶的磨耗是由于橡胶表面发生微观破裂而脱落的现象，这种破坏现象或者由于橡胶在粗糙表面上摩擦时，由于摩擦表面上尖锐的刮擦，使橡胶表面产生局部应力集中，在应力

集中点橡胶被强烈扯断成微小颗粒而脱落所造成的;或者由于橡胶与相对光滑的摩擦面摩擦时,在高摩擦高滑动条件下,表面起卷剥离而产生;或者由于反复变形而损坏所造成的,也可能由于橡胶表面薄层内的温度远高于橡胶的热分解温度,从而使橡胶薄层脱离下来所造成的,橡胶磨耗性能与其他物性也有一定的相关性。

橡胶的磨耗实验机有多种,本实验采用目前仍在我国广泛使用的阿克隆磨耗实验机。其测试原理是,使环形试样在一定负荷下,以一定倾斜角与砂轮接触进行滚动摩擦,测试试样在一定行程内的磨损体积。

硫化橡胶在反复屈挠过程中,拉伸应力集中部位将产生龟裂口,此裂口在与应力垂直的方向上扩展,因此,大体上可将硫化橡胶的屈挠龟裂分为两个阶段:第一为初始裂口的产生阶段,第二为裂口的扩展阶段。不同硫化橡胶,其初始裂口的产生和抗裂口扩展性能不同。有些硫化橡胶,其耐初始裂口产生的性能较好,而抗裂口扩展的性能较差,反之亦然。影响硫化橡胶抗屈挠龟裂性能的因素很多,如胶料种类、配方、加工工艺、橡胶制品的使用环境等。此外,测定工具、测定条件、人为因素等对硫化胶屈挠龟裂实验结果也有影响。

用屈挠龟裂方法可以测定硫化橡胶耐初始裂口的产生和耐裂口扩展性能。本实验采用De Mattia 屈挠实验机反复屈挠硫化橡胶试样,测定其耐初始裂口产生和耐裂口扩展的性能。

三、实验仪器和试样

磨耗实验使用 MZ-4061 型阿克隆磨耗机,见图 3-8。

疲劳实验使用 MZ-4003 型 De Mattia 屈挠实验机,见图 3-9。

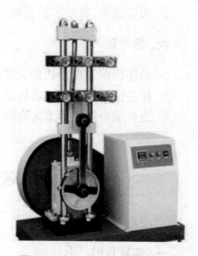

图 3-8 MZ-4061 阿克隆磨耗机   图 3-9 MZ-4003 屈挠实验机

磨耗试样为条状,沿圆周粘固在一个胶轮上,试样长为[(胶轮直径+试样厚度)×3.14±0.5]mm,宽为(12.7±0.2)mm,厚为(3.2±0.2)mm,胶轮直径为 68 mm,厚度为(12.7±0.2)mm,硬度为(邵尔 A 型)75~80。

疲劳试样为带有模压沟槽(半圆形端面)的长条,也可为带有模压沟槽的矩形断面的长条。试样可用多模腔的模具硫化,模压沟槽应垂直于压延方向。试样模压沟槽应具有光滑的表面,并且没有使龟裂过早开始的不规则现象。由于试样厚度对实验结果有较大的影响,所以接近沟槽测量时,厚度在允许公差范围内的试样才具有可比性。硫化后试样的停放时间不应少于 16 h,也不准超过 4 星期,每种实验材料的试样不少于 3 个。

四、实验步骤

1. 磨耗实验

(1) 准备工作:将经打磨后的试样用氯丁胶水沿圆周粘固在胶轮上,放置 48 h 后待用。

(2) 把粘好试样的胶轮固定在回轴上,接通电子计数器电源,打开电源开关,调节预置数按键至 600 转(预磨时间为 15～20 min)后,按下"启动"开始预磨,当记数达到预定值后,按下"清零"键,取下胶轮,用天平称量,准确到 0.001 g。

(3) 将预磨后的胶轮固定在胶轮轴上,调节预置数键至 3 416 转(实验里程为 1.61 km)再进行实验,实验结束后,取下试样,刷去胶屑,在 1 h 内称量,准确到 0.001 g。

2. 疲劳实验

(1) 调节偏心轮上的小杆,移动滑块,滑块上装有指针,让指针停在适当位置,使下夹持器在滑柱上的移动距离为(57±0.5)mm,两夹持器间最大距离为(75±1)mm。

(2) 把两夹持器分开到最大距离,装上试样,使试样平展而不受张力,每个试样的沟槽都应位于两夹持器的中间,且当试样屈挠时,沟槽应向外弯曲。

(3) 合上电源开关,启动实验机,每屈挠一万次就停机,将两夹持器分到 65 mm,检查试样龟裂等级,用游标卡尺测取裂口长度,然后继续实验。

(4) 将屈挠次数为横坐标,裂口长度为纵坐标作图,观察裂口产生和扩展情况。

五、实验结果

1. 磨耗实验

试样的磨耗体积按下式计算,

$$V = \frac{G_1 - G_2}{\gamma} \tag{1}$$

式中:V 为磨耗体积(cm³/1.61km);G_1 为实验前试样质量(g);G_2 为实验后试样质量(g);γ 为试样密度(g/cm³)。

代表每种实验品性能的试样不少于 2 个,取其算术平均值表示实验结果。实验结果记录在表 3-3 中。

表 3-3　硫化胶的磨耗实验记录

试样编号	磨耗前的质量(g)	磨耗后的质量(g)	磨损质量(g)	试样密度(g/cm³)	磨损体积(cm³)

2. 疲劳实验

在不同的疲劳次数下,观察裂口的产生和扩展情况。硫化胶疲劳龟裂等级按下列等级分级。

1级:试样出现肉眼可见像"针刺点"一样的龟裂裂口,而且"针刺点"的数目不超过10个。

2级:如有下列情况之一时可作为2级。

a. "针刺点"样的龟裂裂口数目超过10个;

b. "针刺点"样的龟裂裂口数目虽然少于10个,但有1个或多个裂口已扩展到超出"针刺点"的阶段,即裂口扩展长度不超过0.5 mm,没有足够的深度。

3级:1个或多个"针刺点"已变成明显的裂口,即裂口有明显的长度和极小的深度,其裂口长度大于0.5 mm,但不大于1.0 mm。

4级:最大裂口长度大于1.0 mm,不大于1.5 mm。

5级:最大裂口长度大于1.5 mm,小于或等于3.0 mm。

6级:最大裂口长度大于3.0 mm。

实验数据应取试样数量的平均值,实验结果记入表3-4。

表3-4 硫化胶的屈挠实验记录

试样	疲劳次数	龟裂及裂纹长度(等级)

六、注解

1. MZ-4061型阿克隆磨耗机

主要技术指标:胶轮所受作用力为26.7 N,胶轮轴的回转速度为(76 ± 2)r/min,砂轮轴回转半径为(34 ± 1)cm。胶轮轴和砂轮轴之间的角度为$0°\sim45°$。电源电压为AC220 V±22 V。整个装置包括传动机构、加荷机构、角度调节机构和电子计数装置。

2. MZ-4003型De Mattia屈挠实验机

主要技术指标:下夹持器最高往复速度为300 c/min(5 Hz),上下夹持器可调节最大距离为200 mm,偏心轮可调节最大距离为50 mm,下夹持器最大往复行程为100 mm,计数范围为0～9 999或0～99 999 999,可设定。MZ-4003型De Mattia屈挠实验机主要由底座、滑柱、上下夹持器、支杆、上盖、偏心轮机构、数显控制部分等组成。底座上装有两根滑柱,由箱体、上盖、支杆形成一体。在实验机的固定部件上备有可使试样一端保持在固定位置的上夹持器,还有用来夹住试样另一端的相类似的可往复移动下夹持器。下夹持器由连杆连接偏心轮,当偏心轮回转时,下夹持器即可沿两夹持器中心线的方向做往复运动,在运动中两夹持器的夹持面应始终保持平行。下夹持器的运动频率为(500 ± 10)次/min,也可选用(300 ± 10)次/min。数显部分可直接显示并控制往复次数,并根据要求调节下夹持器往复速度。

七、思考题

1. 橡胶磨耗的影响因素是什么?

2. 橡胶疲劳的影响因素是什么?

实验十　塑料的耐燃烧性实验

一、实验目的

了解塑料的可燃性和高分子材料阻燃性能的测试原理与表征方法；熟悉氧指数仪的组成、构造，掌握氧指数测定和计算方法。

二、实验原理

大部分塑料耐燃烧性不好，遇火极易燃烧，当其应用于工业以及日常生活中时，出于安全方面的考虑，人们往往对它的燃烧性能给予很大的重视。耐燃烧性能测试方法很多，有间接火焰法、直接火焰法、闪点和自燃点测定法及氧指数法等，本实验介绍的是氧指数法。氧指数法可以用具体数值来评价塑料的耐燃烧性能。

氧指数法测定塑料燃烧性能是指在规定的实验条件下[(23±2)℃]，在氧气、氮气的混合气流中，测定刚好维持试样燃烧所需要的最低氧气浓度，并用混合气体中氧气含量的体积百分数来表示。

三、实验仪器和试样

HC-2 型氧指数仪，如图 3-10 所示，点火器，秒表（能以±0.2 s 的准确度测量 5 min 以内的时间）。

图 3-10　HC-2 型氧指数仪

试样类型、尺寸参见表 3-5。

表 3-5 试样尺寸

试样型式	塑料类别	宽/mm	厚/mm	长/mm	点火方式
Ⅰ	自撑型	6.5±0.5	3.0±0.5	70～150	顶端点
Ⅱ	兼有自撑和柔软型	6.5±0.5	2.0±0.5	70～150	燃法
Ⅲ	泡沫型	12.5±0.5	12.5±0.5	125～150	扩散点
Ⅳ	薄片和膜	52±0.5	原厚	140±5	燃法

注:

(1) 不同型式、不同厚度的试样,测试结果不可比。

(2) 由于该实验需要反复预测气体的比例和流速,预测燃烧时间和燃烧长度,影响测试结果的因素比较多,因此试样要准备 1 个以上,并且尺寸规格、内部质量、均匀度要一致。

(3) 试样表面清洁,应平整光滑,无气泡、飞边、毛刺等。

四、实验步骤

1. 在试样的宽面上距离点火端 50 mm 处划"标记"线。

2. 取下玻璃筒,放置一旁,将试样垂直地装在"试样夹"上,装上玻璃筒,要求试样的上端到筒部顶端的距离不少于 100 mm。

3. 根据经验或者试样在空气中点燃的情况,估计所需要的初始氧浓度值,对于在空气中很容易燃烧的试样,初始氧浓度选在 18% 左右(或者以下);如果试样缓慢燃烧或者时断时续,初始氧浓度选为 21% 左右;如果试样在空气中不着火,估计初始氧浓度在 25% 以上。

4. 打开氧气瓶和氮气瓶,两种气体通过稳压阀减压达到仪器的允许压力范围。调节两种气体的流量阀,使流入燃烧筒的氧、氮混合气体达到预计的初始氧浓度,使混合气体在 (23±2)℃ 下,以 (40±10)mL/s 的流动速度流经燃烧筒。

5. 让调节好的混合气体流流动 30 s 以上,用气流洗涤玻璃筒。然后用点火器点燃试样的顶部,在确认试样顶部全部着火后,迅速移去点火器,立即开始计时,并观察试样的燃烧情况。

6. 按照如下方法操作:① 若试样(50 mm 长)燃烧时间不足 180 s 或者"火焰步伐"超过"标记"线,就降低氧浓度;② 若试样(50 mm 长)燃烧时间超过 180 s 或者"火焰步伐"不到"标记"线,就增加氧浓度。如此反复,直到用①和②所得氧浓度之差小于 0.5%,即可由该时的氧浓度计算所测试样的氧指数。

五、实验报告

按照下列公式计算氧指数[OI]:

$$[OI] = \frac{[O_2]}{[O_2]+[N_2]} \times 100\%$$

式中:$[O_2]$ 为氧气流量(mL/min);$[N_2]$ 为氮气流量(mL/min)。

取三次实验结果的算术平均值作为该材料的氧指数。

六、注解

氧指数仪由燃烧筒、试样夹、流量测量和控制系统(控制阀、转子流量计等)、带有压力表的氧气钢瓶和氮气钢瓶(气源、混合供气管)、点火器等几部分组成。

(1) 燃烧筒。燃烧筒是内径为 75 mm,高 450 mm 的耐热透明玻璃管,垂直固定于可通入含氮氧混合气体的基座上。试样夹在筒内下部约 1/3 处,试样夹下方有金属网。金属网下方的筒内底部用直径 3~5 mm 的玻璃珠填充,填充高度到 100 mm 左右,金属网用来遮挡塑料燃烧时的滴落物。燃烧筒的基座上安装使混合气体分布均匀的装置,玻璃珠能达到混合气体分布均匀的目的。燃烧筒基座应安装有水平调整器和指示器,以便使圆柱筒和安装在其中的试样垂直对中。

(2) 试样夹。试样夹是在燃烧筒轴心位置上垂直地夹住试样的构件。对于自撑材料,试样可用一个小夹子夹住,夹持处与燃烧范围可能烧到的最近距离至少为 15 mm。

(3) 流量测量和控制系统。由压力表、稳压阀、调节阀、管路和转子流量计等组成。计算后的氧、氮气体经过混合气室混合后由燃烧筒底部的进气口进入燃烧筒。

(4) 点火器。由装有丁烷或者丙烷的小容器瓶、气阀和内径为 1 mm 的金属导管喷嘴组成,当喷嘴处气体点着时,其火焰的高度为 6~25 mm,金属导管从燃烧筒上方伸入筒内,以点燃试样。

点燃燃烧筒内的试样采用顶端点燃法。顶端点燃法:使火焰的最低可见部分接触试样顶端并覆盖整个顶表面,勿使火焰碰到试样的棱边和侧表面,在确认试样顶部全部着火后,立即移去点火器,开始计时或观察试样烧掉的长度。点燃试样时,火焰作用的最长时间为 30 s,若在 30 s 内不能点燃,则应增大氧的浓度,继续点燃,直到 30 s 内点燃为止。

(5) 气源。应采用纯度不低于 98% 的氧气和氮气作为气源。

(6) 排气系统。应能充分通风或者排风,及时排出燃烧生成的烟尘或者灰粒,但不干扰燃烧筒中的温度和气流速度。

七、实验注意事项

1. 注意点火安全,注意用气安全,防止烫伤和烧伤。
2. 实验试样的"标记"线应能清楚辨认。
3. 注意控制氧气和氮气的流速。
4. 点火后应立即开始计时,并随时观察试样燃烧情况。

八、思考题

1. 如何改进材料的耐燃烧性能?
2. 定性说明影响塑料氧指数测定的因素。

实验十一　橡胶耐老化性实验

一、实验目的

了解橡胶老化机理,掌握鼓风老化实验箱使用方法。

二、实验原理

橡胶的老化是指生胶或橡胶制品在加工、储存或使用过程中,由于受热、光、氧等外界因素的影响使其发生物理或者化学变化,性能逐渐下降的现象。根据外部影响因素的不同,橡胶的老化通常分为:① 热氧老化,其影响因素为热和氧的共同作用;② 臭氧老化,其影响因素为热和臭氧的共同作用;③ 疲劳老化,其影响因素为交变应力同氧、臭氧的共同作用;④ 光氧老化,其影响因素为光与氧共同作用。其中橡胶的热氧老化是最普通而且最重要的一种老化形式,本实验着重研究橡胶的热氧老化。

橡胶在热氧老化过程中的反应属于自由基链式自催化氧化反应,其化学反应可表示为:

引发

$$RH \longrightarrow R\cdot + H\cdot$$
$$ROOH \longrightarrow RO\cdot + HO\cdot$$
$$2ROOH \longrightarrow RO\cdot + ROO\cdot + H_2O$$

传递

$$R\cdot + O_2 \longrightarrow ROO\cdot$$
$$ROO\cdot + RH \longrightarrow ROOH + R\cdot$$
$$RO\cdot + RH \longrightarrow ROH + R\cdot$$
$$HO\cdot + RH \longrightarrow R\cdot + H_2O$$

终止

$$R\cdot + R\cdot \longrightarrow R-R$$
$$RO\cdot + R\cdot \longrightarrow ROR$$
$$RO\cdot + RO\cdot \longrightarrow ROOR$$
$$ROO\cdot + ROO\cdot \longrightarrow 稳定产物$$

在橡胶的自由基链式氧化老化过程中,自由基链反应可以因交联或断链而终止。因此在反应过程中,可以发生交联或断链反应。不同的橡胶,其热氧老化模型不同,有的以交联反应为主,有的以断链反应为主。随着分子结构的改变,橡胶的性能随之发生变化,可通过热氧老化前后橡胶性能的改变来衡量老化程度。

通常在合成过程和加工过程中加入防老剂以阻滞橡胶在加工、储存及使用过程中所产生的老化,常用的防老剂有胺类防老剂、酚类防老剂及有机硫化物类防老剂。

三、样品及仪器

实验中采用标准哑铃状拉伸样条。

老化实验采用 401A 鼓风老化实验箱，如图 3-11 所示。老化温度为 100℃，老化时间为 6 h。

图 3-11　401A 鼓风老化实验箱

四、实验步骤

将试样用回形针固定于工作转盘上，开启老化实验箱，6 h 后取出物料，测定物料老化前后的拉伸性能，按下式计算老化系数。

$$老化系数 = \frac{老化后断裂伸长率 \times 老化后扯断强度}{老化前断裂伸长率 \times 老化前扯断强度} \times 100\%$$

五、思考题

试分析影响橡胶老化的主要因素。

第四章 综合及设计性实验

实验一 环氧树脂的制备、表征、固化及性能

一、前言

环氧树脂是含有两个及以上环氧基的热固性树脂的总称,通常由环氧氯丙烷和双酚 A 等缩聚而成。环氧树脂分为低相对分子质量(液体,多用于塑料工业)、中相对分子质量(软化点 50~95℃)和高相对分子质量(相对分子质量超过 1 000,固体,软化点大于 95℃,大多用于涂料工业)三种,几乎没有单独的使用价值,但由于分子结构中含有羟基和环氧基这些活性基团,因此可以和多元胺、酰胺、酚类、酸酐、有机硅、有机钛、无机酸等反应生成三维网状结构的不溶不熔聚合物。环氧树脂的特点是在固化时不产生挥发性物质,收缩性小,加工方便且制品表面光滑匀整,具有良好的化学稳定性、电绝缘性、耐腐蚀,黏合力高及有一定的机械强度等,因此在化工、电子电力、交通运输、国防建设各个领域应用极广,可用其制备涂料、浇注料、黏合剂、电子及电力工程阻燃元件材料、塑封料、覆铜板、灌封料、层压板等,是世界范围内重要的精细高分子材料之一。

目前国内外生产的环氧树脂品种繁多,按类型大致可分为双酚 A 型环氧树脂、双酚 S 型环氧树脂、双酚 F 型环氧树脂、脂环族环氧树脂、脂肪—脂环族环氧树脂、芳香—脂环族环氧树脂、甘油环氧树脂、乙二醇环氧树脂、酚醛环氧树脂、氨基环氧树脂、丙烯酸环氧树脂、三聚磷腈环氧树脂、聚丁二烯环氧树脂、有机钛环氧树脂、有机硅环氧树脂和含氟环氧树脂等,其中双酚 A 型环氧树脂是最主要的,其品种也多。

环氧树脂从 1947 年国外开始工业化生产以来,目前正朝着简化工序、优化操作、高性能化、新型化的方向发展。世界环氧树脂的总生产能力已经达到 200 万 t/年左右。世界环氧树脂生产,主要由 Resolution 公司(前身是 Shell 牌的环氧树脂和烷烃羧酸公司,生产能力约 41.5 万 t/年)、Dow 公司(生产能力约 23 万 t/年)和 Vantico 公司(汽巴精细化学品公司将原有专用聚合物业务剥离并新成立的独立化学公司,生产能力约 23 万 t/年)三大巨头所垄断,三大生产厂家中只有 Vantico 不是集原料生产与产品生产于一身的公司。另外,日本的东都化成、大日本油墨、日本环氧树脂制造公司以及韩国的国部化学(与日本东都化成合资)

等几家公司以其先进的生产工艺在世界环氧树脂行业中亦占令人瞩目的一席之地。

目前,世界上使用最广泛的品种是双酚 A 型环氧树脂,它约占环氧树脂总消费量的80％以上,其次是溴化双酚 A 型和酚醛型环氧树脂,其他品种生产及使用量相对很小。但近年来由于市场需求的变化,特种环氧树脂消费比例不断增加。

据不完全统计,我国现有环氧树脂生产厂家 200 多家。具有代表性的生产厂家有 Dow 化学张家港工厂、广东宏昌、广东建滔、巴陵石化公司环氧树脂厂、大连齐化工公司、无锡树脂厂、无锡迪爱生环氧树脂公司、广东汽巴、天津宇进、浙江嘉兴等,2010 年我国环氧树脂生产能力 100 万 t,并跃升为世界环氧树脂头号生产大国。

随着我国经济的快速发展,对环氧树脂的需求量逐年增加,为适应市场的强劲需求,国内不断扩大生产装置,环氧树脂产能大幅度提高,产量增幅也较大。我国环氧树脂消费领域与国外基本相同,涂料、复合材料、电子电器、黏合剂等构成主要的消费领域。涂料是环氧树脂消费较大的领域,目前消费量约达到 10 万 t/年,预计近年该领域消费年增长率为 8.9％。复合材料是我国环氧树脂另一主要消费领域,目前消费量约为 8 万 t/年,电子领域目前消费量达 25 万 t/年,黏合剂目前消费量达 1 万 t/年。

二、设计要求

1. 环氧树脂的合成、表征、固化与性能作为方向。
2. 根据要求的指标,通过查阅有关资料确定方案。
3. 画出工艺方框图。
4. 设计操作参数,确定仪器、设备等。
5. 通过实验验证、分析设计方案。
6. 编写报告。

三、方法与内容提示

1. 环氧树脂的合成

可以选择不同结构的环氧树脂进行合成,也可选用不同的工艺进行合成。

2. 环氧树脂结构表征

采用现代分析方法对树脂结构进行表征,也可采用其他方法测定环氧树脂的性质。

3. 环氧树脂的固化

可以采用不同的固化剂、不同的用量与不同工艺研究环氧树脂的固化过程。

4. 环氧树脂的性能

可以对环氧树脂的配方进行设计,对环氧树脂的性能如电性能、阻燃性能、耐热性能等进行测定、分析。

四、实验前预习的问题

1. 根据提示,计算具体聚合、固化体系、材料配方。
2. 设计实验过程,确定流程图、工艺条件,给出简要解释。

实验二 自由基活性聚合制备窄相对分子质量分布聚合物

一、前言

由于聚合过程一些阶段的随机反应,所有的合成及天然高分子均有相对分子质量分布,相对分子质量分布对高分子材料的加工和使用有很大影响。对于合成纤维来说,因其平均相对分子质量比较小,如果分布较宽,低相对分子质量的组分含量高,对其纺丝性能和机械强度不利。对于塑料也是如此,相对分子质量分布窄一些,一般有利于加工条件的控制和提高产品的使用性能。然而,并非所有的聚合物都是相对分子质量分布愈窄愈好,对于橡胶来说,情况恰好相反,例如天然橡胶,平均相对分子质量很大,加工很困难,因此加工常常要经过塑炼,使相对分子质量降低,而且使分布变宽。这样,其中低相对分子质量部分不仅本身黏度小,而且起增塑剂的作用,便于加工成型。

不同聚合方法的平均相对分子质量分布不同,假想的单分散聚合物 $\overline{M}_w/\overline{M}_n$ 为 1,实际得到的单分散聚合物 $\overline{M}_w/\overline{M}_n$ 为 1.01～1.05。偶合终止的加聚物为 1.5,歧化终止的加聚物为 2.0,高转化的烃类聚合物为 2～5,自动加速阶段生成的聚合物为 5～10,配位聚合物为 8～30,支化聚合物为 25～50。

1956 年美国科学家 Szwarc 等提出了活性聚合的概念,活性聚合具有无终止、无转移、引发速率远远大于链增长速率等特点,与传统自由基聚合相比能更好地实现对分子结构的控制,是实现分子设计、合成具有特定结构和性能聚合物的重要手段。鉴于活性聚合和自由基聚合各自的优缺点,高分子合成化学家们将二者结合,即可控/活性自由基聚合(CRP)或活性/可控自由基聚合。CRP 可以合成具有新型拓扑结构的聚合物、不同成分的聚合物以及在高分子或各种化合物的不同部分链接官能团,适用单体较多,产物的应用较广,工业化成本较低。目前实现"活性"/可控自由基聚合分以下几种途径:(1) 稳定"活性"自由基聚合(SFRP);(2) 原子转移自由基聚合(ATRP);(3) 可逆加成—断裂链转移聚合(RAFT)。

SFRP 属于非催化性体系,是利用稳定自由基来控制自由基聚合的过程。其机理是外加的稳定自由基 X· 可与活性自由基 P· 迅速进行失活反应生成"休眠种"P—X,P—X 能可逆分解,又形成 X· 及活性种自由基 P· 而链增长,反应体系中的自由基活性种 P· 可被抑制在较低的浓度,这样就可以减少自由基活性种之间的不可逆终止作用,从而使聚合反应得到控制。外加稳定自由基 X· 主要有 TEMPO(2,2,6,6-四甲基-1-哌啶氮氧自由基)和 Co(II)·,TEMPO 控制自由基聚合机理见图 4-1。

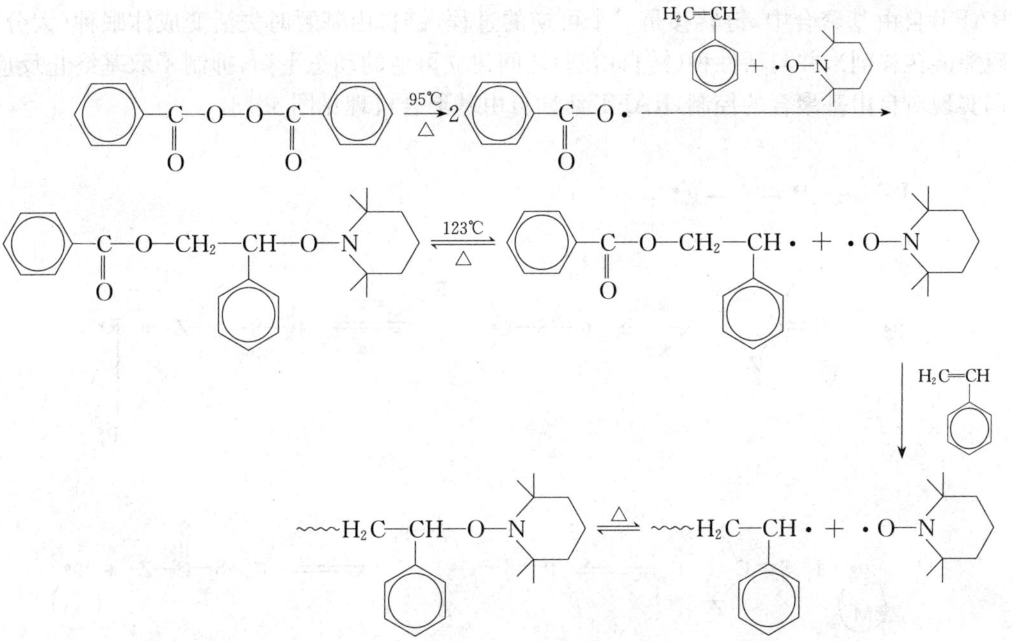

图 4-1 TEMPO 控制自由基聚合机理

自由基是一种十分活泼的活性种,在自由基聚合中极易发生链转移和链终止,所以要抑制副反应,聚合体系中必须具有低而恒定的自由基浓度,但又要维持可观的反应速度(自由基浓度不能太低),为解决这一矛盾,将可逆链转移和链终止的概念引入自由基聚合,通过在活性种和休眠种之间建立一个快速交换反应成功地实现了矛盾的对立统一,以 RX/CuX/bpy 体系(其中 RX 为卤代烷烃、bpy 为 2,2′-联二吡啶、CuX 为卤化亚铜)引发 ATRP 反应为例,典型原子(基团)转移自由基聚合的基本原理如图 4-2。

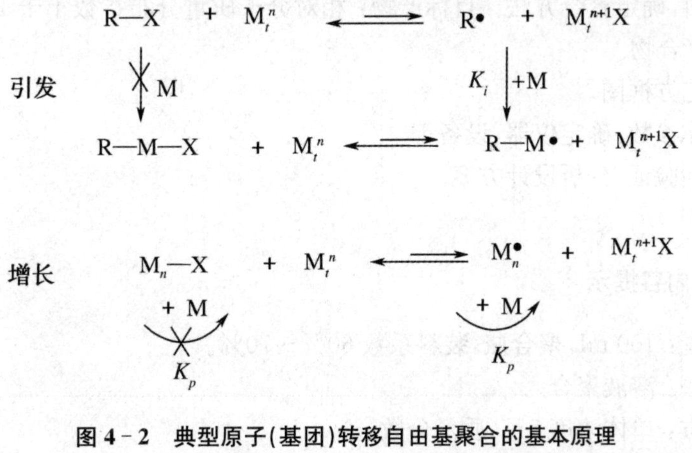

图 4-2 典型原子(基团)转移自由基聚合的基本原理

RAFT 活性自由基聚合的突出优点是其单体适用性广,除了通常的烯类单体外,还可适用于含有羧基、羟基、二烷氨基等特殊官能团烯类单体的聚合。同时可用多种聚合方法合成许多窄分布的均聚物和共聚物,以及支化、超支化的高聚物,尤其是嵌段聚合物。在传统自由基聚合中,不可逆链转移反应导致链自由基永远失活变成死的大分子。与此相反,在

RAFT 自由基聚合中,链转移是一个可逆的过程,链自由基暂时失活变成休眠种(大分子双硫酯链转移剂),并与活性种(链自由基)之间建立可逆的动态平衡,抑制了双基终止反应,从而实现对自由基聚合的控制,RAFT 活性自由基聚合机理见图 4-3。

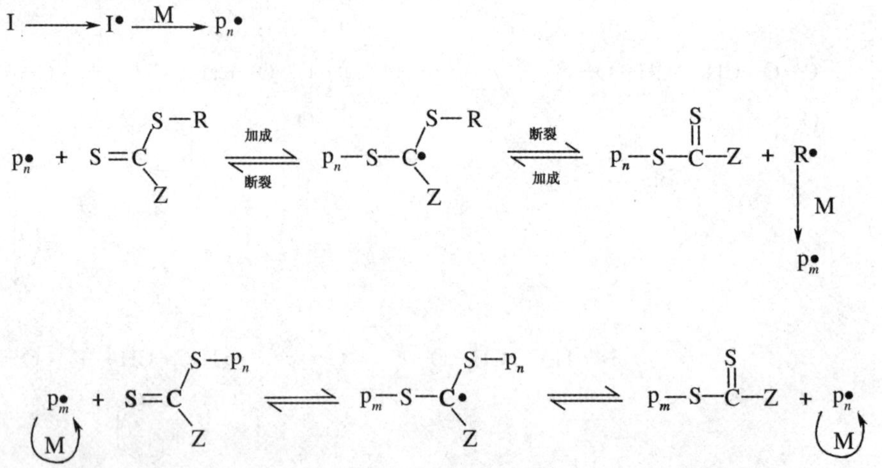

图 4-3　RAFT 活性自由基聚合机理

二、主要试剂与仪器

甲基丙烯酸甲酯,苯乙烯,2,2,6,6-四甲基-1-哌啶氮氧自由基,卤代烷烃,2,2′-联二吡啶,卤化亚铜,RAFT 试剂;聚合瓶,搅拌器,恒温水浴,凝胶渗透色谱仪。

三、设计要求

1. 查阅资料,确定聚合方法。目标产物:相对分子质量分布指数小于 1.1,相对分子质量为 10 000 的聚合物。

2. 画出工艺方框图。

3. 设计操作参数、确定仪器、设备等。

4. 通过实验验证、分析设计方案。

5. 编写报告。

四、方法与内容提示

1. 反应装置:100 mL 聚合瓶,装料系数 60%～70%。

2. 聚合方法:溶液聚合。

3. 聚合配方:单体浓度 5%(质量分数)。

五、实验前预习的问题

1. 根据提示,计算出具体聚合配方。

2. 确定聚合装置及主要仪器,画出聚合装置简图。

3. 确定聚合工艺条件,给出简要解释。

六、思考题

活性聚合有哪些？写出聚合反应的基元反应。

实验三　聚丙烯阻燃材料研究

一、前言

近年来,新的催化剂、改性填料和新的混配工艺使聚丙烯的刚性、韧性、耐热性及光洁度都得到了改善,这使得聚丙烯的竞争力大大增强,并且在日常生活用品、交通、机械、电子等行业中得到了更广泛的应用。但是聚丙烯存在着一些缺陷,例如氧指数低,只有18%,容易燃烧且燃烧发热量大,产生的熔滴又极易传播火焰,带来了很大安全隐患。因此,一些领域应用的聚丙烯必须进行阻燃处理,添加阻燃剂是聚丙烯阻燃改性的主要途径,用于聚丙烯阻燃的阻燃剂主要有以下几大类。

1. 卤系阻燃剂

单独使用卤系阻燃剂时,主要在气相中延缓和阻止聚合物的燃烧。卤系阻燃剂在高温下分解生成的卤化氢(HX)可作为自由基终止剂捕捉聚合物链式燃烧反应中的活性自由基 OH・、O・、H・,生成活性较低的卤素自由基,从而减缓或终止气相燃烧中的链式反应,达到阻燃的目的。卤化氢还能稀释空气中的氧,覆盖于材料表面阻隔空气,使材料的燃烧速度降低。常用的卤系阻燃剂主要有十溴二苯乙烷、溴化聚苯乙烯等。

卤系阻燃剂具有优良的阻燃性、加工性和相容性,良好的耐候性、化学稳定性和电学性质,耐热稳定性高,但缺乏抗紫外光稳定性,表面易喷霜,在对聚合物阻燃的同时,放出有毒的烟、气体,因此危害环境和人类的健康。

2. 无卤阻燃剂

含卤阻燃剂在阻燃过程中产生烟雾大而且有毒,给人们的生命及财产安全造成了"二次危害"。随着人们安全和环保意识的日益增强,无卤阻燃成为阻燃聚丙烯当前发展的一个趋势。

(1) 无机物阻燃剂

用于聚丙烯阻燃的无机物阻燃剂主要是一些金属水合物,如氢氧化铝、氢氧化镁等。氢氧化铝、氢氧化镁具有填充剂、阻燃剂、发烟抑制剂三重功能,其阻燃机理是当它们受热分解时释放出水,如氢氧化镁反应式为:$Mg(OH)_2 \longrightarrow MgO + H_2O$。这是个强吸热反应,吸热量很大,可起到冷却聚合物的作用,同时反应产生的水蒸气可以稀释可燃气体,抑制燃烧的蔓延,且新生的耐火金属氧化物(Al_2O_3、MgO)具有较高的活性,它会催化聚合物的热氧交联反应,在聚合物表面形成一层碳化膜,碳化膜会减弱燃烧时的传热、传质效应,从而起到阻燃的作用。氢氧化物对聚丙烯阻燃性随加入量的增加而迅速增加,但高加入量必将影响基材的加工性能和机械力学性能。因此,粒度超细化、表面改性处理和协同复合技术是当前主要的研究方向。

（2）磷系阻燃剂

磷系阻燃剂起阻燃作用在于促使高聚物初期分解时脱水而碳化，这一脱水碳化步骤必须依赖高聚物本身的含氧基团。因此，对于本身结构具有含氧基团的高聚物，磷系阻燃剂的阻燃效果会好些。对于聚丙烯来讲，由于本身的分子结构没有含氧基团，单独使用磷系阻燃剂时阻燃效果不佳，但是如果与 $Al(OH)_3$ 和 $Mg(OH)_2$ 等复配即可产生协同效应，从而得到良好的阻燃效果。常用的磷系阻燃剂有磷酸三苯酯、磷酸三甲苯酯、磷酸三（二甲苯）酯、丙苯系磷酸酯、丁苯系磷酸酯等有机磷阻燃剂和红磷、聚磷酸铵等无机磷阻燃剂。

磷酸酯类主要优点是效率较高，加工和燃烧中腐蚀性小，但也存在如耐热性差、挥发性大、相容性不理想、在燃烧时有滴落物产生等问题。为了避免上述缺点，新型的高分子缩聚型磷酸酯已经成为人们关注的焦点，如美国孟山都公司开发的 Phosgard2XC 非挥发性阻燃剂，美国 Stauffer 公司开发的 Fyrol99 磷酸氯乙酯聚合物具有低挥发性、耐水、耐溶剂等优点，日本八大化学公司开发的 CR-720 和 CR-733 均为芳香族缩聚磷酸酯，Velsicol 公司研制出的 VCC4 是一种高含溴量的溴代二磷酸酯，具有极高的热稳定性，添加容易，阻燃性能优异。含氮的磷酸酯由于同时含有氮和磷两种元素，其阻燃效果比只含磷的化合物要好，因此含氮的磷酸酯成为磷酸酯系阻燃剂的又一发展方向。

含磷无机阻燃剂最主要的产品有红磷阻燃剂、磷酸铵盐、聚磷酸铵等，含磷无机阻燃剂因其热稳定性好、不挥发、不产生腐蚀性气体、效果持久、毒性低等优点而获得广泛的应用。红磷的阻燃机理与其他含磷阻燃剂相似，红磷在 $400\sim450\,^{\circ}\mathrm{C}$ 下受热解聚生成白磷，然后在水气的存在下被氧化为磷的含氧酸，这类酸既可覆盖于被阻燃材料的表面，又可在材料表面加速脱水炭化，形成的液膜和炭层则可将外部的氧、可燃性气体和热与内部的高聚物材料隔开而使燃烧中断。红磷的阻燃机理和阻燃效率与被阻燃高聚物有关，例如红磷阻燃 HDPE 的氧指数与红磷用量成正比，而红磷阻燃的含氧聚合物 PET 的氧指数则与红磷用量的平方根成正比。

（3）含硅阻燃剂

含硅化合物不管是作为聚合物的添加剂，还是与聚合物组成共混物，都具有明显的阻燃作用，其不仅能在凝聚相成碳，而且能在气相中捕捉自由基，是"环境友好"型阻燃材料，硅阻燃剂的研究已成为新的热点。

目前，美国通用电器公司生产的 SFR-100 是较为经济有效的含硅阻燃剂，可通过类似于互穿网络的结构与聚合物部分交联而结合，这可使其不至于迁移至材料表面，还能改善聚丙烯的光滑性，但不改变其他表面性能，对基材的黏附性没有影响。以 SFR-100 树脂为阻燃剂，当填充量为 25％时，聚丙烯阻燃级别能达到 UL94V-0，并能保持基材原有的性能，如再提高用量，则可获得特别优异的阻燃性和抑烟性。最近 GE 公司又推出 SFR-1000 固体粉末硅烷聚合物，它使用更加方便。

（4）膨胀型阻燃剂

膨胀型阻燃剂是现今发展较快的一类阻燃剂，膨胀型阻燃剂（IFR）包括 3 个组分，即：① 酸源，指燃烧时生成无机酸的盐或酯类，如磷酸、硫酸、硼酸盐及磷酸酯等；② 碳源，含碳的多元醇化合物如季戊四醇、乙二醇及酚醛树脂等；③ 发泡源，含氮化合物如尿素、双氰胺、聚酰胺、脲醛树脂等。膨胀型阻燃剂的阻燃机理是促进聚合物成炭，在材料表面形成一层膨胀多孔的均质炭层，起到隔热、隔氧、抑烟、防止熔滴的作用，达到阻燃目的。

由于具有膨胀产生多孔泡沫层的特性，故膨胀阻燃可广泛用于木材、塑料等易燃基材的保护。通过改变膨胀型阻燃剂的三个组分人们对其进行了较为详尽的研究,其中不少阻燃剂已经工业化,最近不少研究者把添加协效阻燃成分视为膨胀型阻燃剂发展的又一亮点。有人研究了聚磷酸铵型膨胀阻燃剂对聚丙烯的阻燃作用,他们加入聚己内酰胺进行改性,结果发现聚己内酰胺主要起成炭剂的作用,能显著提高对聚丙烯的阻燃作用。有人研究了硼酸锌在膨胀型阻燃聚丙烯中的协同阻燃作用,硼酸锌的加入在用量低时可显著增加膨胀型阻燃聚丙烯的氧指数,而当用量超过一定值后,氧指数则急剧降低。

二、实验设计要求

1. 熟悉塑料常用的阻燃剂。
2. 根据给出的实验仪器、设备和药品,通过查阅文献,每个学生自己选择树脂和阻燃剂,设计阻燃塑料的配方,设计实验路线和实验方法。
3. 掌握阻燃塑料试样的制备方法。
4. 学会氧指数法测定塑料的燃烧性,以判断阻燃配方效果。

三、方法提示

1. 阻燃剂选择,自己拟定配方。
2. 混合、挤出造粒、制样。
3. 性能测定。
4. 塑料的燃烧性。一般认为:氧指数[OI]小于 22 属于易燃性塑料,[OI]介于 22~27 属于自熄性塑料,[OI]大于 27 属于难燃性塑料。

四、实验前预习

1. 了解影响塑料阻燃的因素。
2. 熟悉制备的工艺条件、设备及过程。
3. 根据提示确定实验配方。

实验四　高耐磨性能橡胶的制备

一、前言

耐磨耗性表征硫化胶抵抗摩擦力作用下因表面破坏而使材料损耗的能力,耐磨耗性与橡胶制品使用寿命密切相关,许多橡胶制品都要求具有良好的耐磨耗性。橡胶的磨耗不仅与使用条件、摩擦副的表面状态、制品的结构有关,而且与硫化胶的其他力学性能和黏弹性能等物理、化学性质有密切的关系。

1. 磨耗的形式

(1)磨损磨耗

橡胶在粗糙表面上摩擦时,由于摩擦表面上凸出的尖锐粗糙物不断切割、刮擦,致使橡胶表面局部接触点被切割、扯断成微小的颗粒，从橡胶表面上脱落下来，形成磨损磨耗（又称磨粒磨耗、磨蚀磨耗）。其磨耗强度为：

$$I = K\mu(1-R)P/\sigma_0 \tag{1}$$

式中：I 为磨耗强度；K 为表面摩擦特性参数；μ 为摩擦系数；R 为橡胶的回弹性；σ_0 为橡胶拉伸强度；P 为压力。

磨耗强度越大，橡胶耐磨耗性越差，磨耗强度与压力成正比，与硫化胶的拉伸强度成反比，随回弹性提高而下降。

（2）疲劳磨耗

与摩擦面相接触的硫化胶表面，在反复的摩擦过程中受周期性压缩、剪切、拉伸等形变作用，使橡胶表面层产生疲劳，并逐渐在其中生成疲劳微裂纹。这些裂纹的发展造成材料表面的微观剥落，橡胶疲劳磨耗强度为，

$$I = K(R\mu E/\sigma_0)^t(P/E)^{1+\beta t} \tag{2}$$

式中：I 为磨耗强度；σ_0 为橡胶拉伸强度；E 为橡胶的弹性模量；t 为橡胶的疲劳系数；K 为表面摩擦特性参数；R 为橡胶的回弹性；μ 为摩擦系数；P 为压力；β 为摩擦表面光洁度，值为 $1/(2V+1)$，其中 V 为表面粗糙度值。

疲劳磨耗强度随橡胶弹性模量、压力提高而增加，随橡胶拉伸强度降低和疲劳性能变差（t 增大）而加大。

（3）卷曲磨耗

橡胶与光滑表面接触时，由于摩擦力的作用，使硫化胶表面的微凹凸不平的地方发生变形，并被撕裂破坏，成卷地脱落表面。

在不同的使用条件下，橡胶的磨耗机理不同，产生的磨耗强度也不同。为了解释与各种因素呈复杂关系的磨耗实验结果，近年来有些研究者致力于建立一个橡胶磨耗的统一理论。A. G. Veith 根据大量的实验和前人的工作，提出了轮胎磨耗的"双重机理"，认为橡胶的磨耗由如下两部分构成。

① 弹性变形磨耗（E—磨耗）

和摩擦面接触的橡胶表面变形区域大，变形基本为弹性（黏弹性）变形，磨耗是由于表面应力集中产生的"撕裂—拉伸"破坏而造成的。

② 塑性变形磨耗（P—磨耗）

表面变形区域小，接触压力高，变形是塑性的，磨耗属于塑性破坏，是一种切割磨耗机理。

Satake 则认为，在橡胶磨耗过程中，由于摩擦表面局部应力集中而造成的表面层机械破坏是橡胶磨耗的最基本形式，因此提出了机械磨耗理论。机械破坏包括扯断、撕裂、周期疲劳，本质上都是应力集中引起的裂口增长的结果。

拉伸强度是影响耐磨耗性最为重要的力学性能指标，随拉伸强度提高，硫化胶的耐磨性成正比地增加。定伸应力对不同类型的磨耗有不同的影响，定伸应力高时，摩擦表面上的凸体压入橡胶深度小，抗变形能力强，摩擦系数小，而且橡胶表面刚性大，不易打皱而引起卷曲，因此对磨损磨耗和卷曲磨耗有利，可使这两种磨耗的磨耗强度降低，磨耗速度减慢。而在疲劳磨耗的条件下，情况则相反，定伸应力提高会加剧疲劳磨耗。提高硫化胶的弹性，耐磨耗性也会随之提高，特别是在非固定磨料流中磨耗时，弹性的影响最为明显。弹性低时，

在流动粒子多次冲击期间,应力松弛过程来不及完成,使局部应力增加,表面磨耗加剧。耐磨耗性和硫化胶的主要力学性能都有关系。因此,在配方设计时要设法取得各性能之间的综合平衡。

2. 影响橡胶耐磨性能的配方因素

(1) 胶种的影响

在通用的二烯类橡胶中,其硫化胶的耐磨耗性能按下列顺序递减:顺丁橡胶>溶聚丁苯橡胶>乳聚丁苯橡胶>天然橡胶>异戊橡胶。顺丁橡胶的耐磨耗性较好,硫化胶耐磨耗性一般随生胶的玻璃化温度(T_g)的降低而提高,顺丁橡胶的耐磨耗性随顺式链节(1,4-结构)含量的增加而提高。

丁苯橡胶的弹性、拉伸强度、撕裂强度都不如天然橡胶,其玻璃化温度(T_g)为-57℃,也比天然橡胶高,但其耐磨性却优于天然橡胶。丁苯橡胶的耐磨耗性随相对分子质量的增加而提高。溶聚丁苯橡胶的耐磨耗性优于乳聚丁苯橡胶。

在通用的二烯类橡胶中,天然橡胶的耐磨耗性不如顺丁橡胶和丁苯橡胶,但却优于合成的异戊橡胶。

丁腈橡胶硫化胶的耐磨耗性比异戊橡胶要好,其耐磨耗性随丙烯腈含量增加而提高,羧基丁腈胶耐磨性较好。

乙丙橡胶 EPDM 硫化胶的耐磨耗性和丁苯橡胶相当。随生胶门尼黏度提高,其耐磨耗性也随之提高。第三单体为1,4-己二烯的 EPDM,耐磨性比亚乙基降冰片烯和双环戊二烯为第三单体的 EPDM 好。

丁基橡胶硫化胶的耐磨耗性在20℃时和异戊橡胶相近,但当温度升至100℃时,耐磨耗性则急剧降低。丁基橡胶采用高温混炼时,其硫化胶的耐磨耗性显著提高。

以氯磺化聚乙烯为基础的硫化胶,具有较高的耐磨耗性,高温下的耐磨性亦好。

丙烯酸酯橡胶为基础的硫化胶耐磨耗性比丁腈橡胶硫化胶稍差一些。

聚氨酯橡胶是所有橡胶中耐磨耗性最好的一种。

(2) 硫化体系

硫化胶的耐磨耗性随硫化剂用量增加有一个最大值,耐磨耗性达到最佳状态时存在一个最佳的硫化程度(交联密度),硫化胶生成的单硫键含量愈多,硫化胶的耐磨耗性愈好。

(3) 填充体系

通常硫化胶的耐磨耗性随炭黑粒径减小、表面活性和分散性的增加而提高。

关于炭黑的结构性对硫化胶耐磨耗性的影响,说法不一。有人认为,以高结构炭黑补强的胎面胶,在通常的条件下,其耐磨耗性接近标准结构炭黑,但在使用条件苛刻的情况下,其相对耐磨性提高。

各种橡胶的最佳填充量,按下列顺序增大:NR<IR<不充油 SBR<充油 SBR<BR。一般用作胎面胶的炭黑最佳用量随轮胎使用条件的苛刻程度提高而增大。

填充新工艺炭黑的硫化胶耐磨耗性比填充普通炭黑的耐磨耗性提高5%,用硅烷偶联处理的白炭黑也可以提高硫化胶耐磨耗性。

(4) 软化剂

通常在胶料中加入软化剂能降低硫化胶的耐磨耗性,各种油类对耐磨耗的影响比较复杂,也有待于进一步研究。总的说来,在天然橡胶和丁苯橡胶中采用芳烃油,对耐磨耗性损失较小。

（5）防护体系的关系

在疲劳磨耗的条件下，胶料中添加防老剂可提高硫化胶的耐磨耗性，具有优异防臭氧老化的对苯二胺类防老剂，尤其是 4010NA，效果突出。

（6）其他因素

炭黑改性剂：添加少量含硝基化合物改性剂，可改善炭黑的分散度，提高炭黑与橡胶的相互作用，降低硫化胶的滞后损失。

硫化胶表面处理：使用含卤素化合物的溶液和气体，对丁腈橡胶硫化胶表面进行处理，可以降低制品摩擦系数、提高耐磨性。

用液态五氟化锑和气态五氟化锑处理丁腈橡胶硫化胶表面时，可使其摩擦系数和摩擦温度较未氟化时大为降低。液相氟化时，会使强度降低。通过显微镜观察橡胶表面发现，液相氟化时，表面稍受破坏；而气相氟化时则不会使硫化胶的拉伸强度降低，橡胶表面也未破坏，故气相氟化处理更为有利。

用浓度为 0.3%～20% 的一氯化碘或三氯化碘处理液，将不饱和橡胶（如天然橡胶、异戊橡胶、丁苯橡胶、丁腈橡胶、氯丁橡胶）硫化胶在处理液中浸渍 10～30 min，橡胶表面不产生龟裂，且摩擦系数较低。

应用硅烷偶联剂和表面活性剂改性填料：使用硅烷偶联剂 A-189 处理的白炭黑填充于丁腈橡胶胶料中，其硫化胶的耐磨耗性明显提高。用硅烷偶联剂 A-189 处理的氢氧化铝填充的丁苯橡胶，以及用硅烷偶联剂 Si-69 处理的白炭黑填充的三元乙丙橡胶，其硫化胶的耐磨性均有不同程度的提高。

使用低相对分子质量高聚物羧化聚丁二烯（CPB）改性的氢氧化铝，也改善了丁苯橡胶硫化胶的耐磨耗性。

用硅烷偶联剂处理陶土和用钛酸酯偶联剂处理碳酸钙，对提高硫化胶的耐磨性均有一定的作用，但其影响程度远不如白炭黑那样明显。

橡胶-塑料共混：橡塑共混是提高硫化胶耐磨耗性的有效途径。例如用丁腈橡胶和聚氯乙烯共混所制造的纺织皮辊，其耐磨性比单一的丁腈橡胶硫化胶提高 7～10 倍。丁腈橡胶与三元尼龙共混、与酚醛树脂共混均可提高硫化胶的耐磨耗性。

添加固体润滑剂和减磨性材料：在丁腈橡胶材料中添加石墨、二硫化钼、氮化硅、碳纤维等，可使硫化胶的摩擦系数降低，提高其耐磨耗性。

二、实验设计要求

1. 提高 NR 硫化胶胶料的耐磨性能。

2. 提高 SBR 硫化胶胶料的耐磨性能。

三、方法提示

1. 高耐磨性能 NR 硫化胶制备

a. NR 生胶塑炼。

b. NR 混炼胶制备（根据自己拟定的配方）。

c. NR 混炼胶的硫化工艺确定。

d. NR 混炼胶的硫化成型。

e. NR 硫化胶的磨耗性能测定。

2. 高耐磨性能 SBR 硫化胶制备

a. SBR 混炼胶制备（根据学生自己拟定的配方）。

b. SBR 混炼胶的硫化工艺确定。

c. SBR 混炼胶的硫化成型。

d. SBR 混炼胶的磨耗性能测定。

四、安全提示

见加工实验部分的开炼机及平板硫化机操作安全提示。

五、实验前预习

1. 了解影响橡胶耐磨性的因素。

2. 熟悉橡胶硫化胶制备的工艺条件、设备及过程。

3. 根据提示确定实验配方。

六、思考题

说明影响橡胶制品耐磨性的主要因素。

实验五　阳离子聚丙烯酰胺絮凝剂

一、前言

我国水资源总量约为 2.812 4 万亿m^3，占世界径流资源总量的 6%。由于人口众多，目前我国人均水资源占有量为 2 500 m^3，约为世界人均占有量的 1/4，排名百位之后，被列为世界几个人均水资源贫乏的国家之一。另外，中国属于季风气候，水资源时空分布不均匀，南北自然环境差异大，其中北方 9 省区人均水资源不到 500 m^3，实属水少地区。特别是近年来，城市人口剧增，生态环境恶化，工农业用水技术落后，浪费严重，水源污染，更使原本贫乏的情况"雪上加霜"，水资源缺乏成为国家经济建设发展的瓶颈。水处理在国民生产和生活中占有非常重要的地位，有无水处理、水处理技术的先进与否，是一个国家生产、生活水平高低和文明程度的重要标志之一。随着国家建设步伐的不断加快，水处理服务会遍及各个行业，如石油、电力、化工、核工业、煤炭、冶金、水泥、造纸、卷烟、制药、啤酒、邮电、民航、铁路、银行、酒店、宾馆、商场、家庭、机关、学校、城镇等。

絮凝沉降法是目前国内外普遍用来提高水质处理效率的一种既经济又简便的水质处理方法。高分子絮凝剂以其良好的凝聚效果、脱色能力和操作简便等优点，在水处理过程中起着不可替代的作用，引起国内外广泛关注。随着人们环保意识的加强，将会出现更多的高效、低毒、经济适用的高分子絮凝剂，同时也将有力地推动对絮凝过程基础理论的研究。有机高分子絮凝剂有天然高分子和合成高分子两大类。从化学结构上可以分为以下 3 种类型:(1) 聚胺型,低相对分子质量阳离子型电解质;(2) 季铵型,相对分子质量变化范围大,并具有较高的阳离子性;(3) 丙烯酰胺共聚物,相对分子质量较高,可以几十万到几百万、几千万,均以乳状或粉状的剂型出售,使用上较不方便,但絮凝性能好。根据含有不同的官能团离解后的带电情况,高分子絮凝剂可以分为阳离子型、阴离子型、非离子型 3 大类。有机高分子絮凝剂大分子中可以带—COO^-、—NH—、—SO_3H、—OH 等亲水基团,具有链状、环状等多种结构。因其活性基团多、相对分子质量高,具有用量少、浮渣产量少、絮凝能力强、絮体容易分离、除油及除悬浮物效果好等特点,特别是丙烯酰胺系列有机高分子絮凝剂以其相对分子质量高、絮凝架桥能力强而显示出在水处理中的优越性。

阳离子型有机合成高分子絮凝剂能有效降低水中悬浮固体的含量,并有使病毒沉降和降低水中甲烷前体物的作用,使水中的总含碳量(TOC) 降低,具有用量少、废水或污泥处理成本低、毒性小以及使用的 pH 范围宽等优点。其中,聚丙烯酰胺类阳离子有机高分子合成技术在全世界范围内研究较广,合成方法不断改进,絮凝性能不断提高。

二、实验设计要求

1. 熟悉常用的水处理剂。

2. 根据给出的实验仪器、设备和药品,通过查阅文献,选择制备方法,设计实验路线和实验方法。

3. 掌握阳离子聚丙烯酰胺絮凝剂的制备方法。

4. 学会评价阳离子聚丙烯酰胺絮凝剂性能。

三、方法提示

1. 化学改性

可以对聚丙烯酰胺进行化学改性。

2. 单体共聚

选用阳离子单体共聚。

四、实验前预习的问题

1. 根据目标产物性能,确定聚合物分子结构,给出简要解释。

2. 确定聚合机理及聚合方法,给出简要解释,写出聚合反应的基元反应。

3. 根据提示计算出具体配方。

4. 确定聚合装置及主要仪器,画出聚合装置简图。

5. 制定工艺流程,画出工艺流程框图。

6. 确定聚合工艺条件,给出简要解释。

实验六 聚酰亚胺的制备与性能

一、前言

聚酰亚胺(PI)是指主链上含有酰亚胺环结构的一类高分子聚合物,可分为脂肪族与芳香族两大类。其中芳香族聚酰亚胺因为具有高耐热、高强度以及介电和抗化学等性能优异的特点,被广泛应用于航空航天、军事、微电子和机械等领域。目前,聚酰亚胺是已商品化的高分子材料中综合性能最为优异的品种之一,被称为"塑料黄金"和"解决问题的能手"。

按照合成工艺,聚酰亚胺的合成方法可分成四大类,即一步法、两步法、三步法和气相沉积法。而这其中,两步法(图 4-4)是实验研究和工业生产制备聚酰亚胺及其制品最常用的方法,生产工艺非常完善和成熟。该方法第一步是将多元酸酐和多元胺(常见为二元酸酐和二元胺)溶解于极性溶剂中,低温或常温下进行缩合聚合,得到聚酰亚胺的前驱体聚酰胺酸(PAA)的溶液,第二步将 PAA 溶液流延成膜或进行纺丝,并通过加热或者化学亚胺化成环固化,最后得到聚酰亚胺薄膜或纤维。在亚胺化过程中,如能同时进行单轴或多轴的拉伸,可进一步提高聚酰亚胺材料的力学性能和尺寸稳定性。

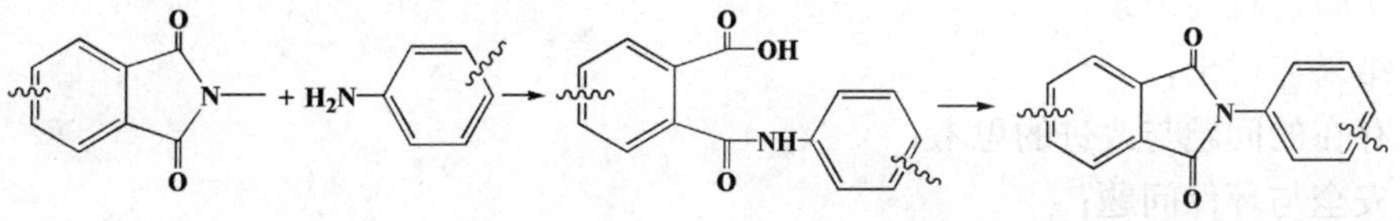

图 4-4 两步法合成 PI 路线图

1908 年,Bogert 和 Rebshaw 利用 4-氨基邻苯二甲酸酐首次制备了聚酰亚胺,但并没有引起科学界的关注,这主要是因为高分子学科在当时还未建立,学术界对于高分子的基本理论和基本概念尚为空白。上世纪六十年代初,美国 DuPont 公司利用两步法合成均苯型聚酰亚胺薄膜,拉开了聚酰亚胺薄膜产业化的序幕(商品名为 Kapton,因此工业界有时称聚酰亚胺薄膜为 Kapton 薄膜)。由于具有无与伦比的优异性能,上世纪六十年代后期开始,聚酰亚胺材料得以快速发展,聚酰亚胺清漆、聚酰亚胺模塑料、聚醚酰亚胺、双马来酰亚胺等产品相继问世。进入新世纪后,由于液晶显示、电子电器、汽车、高铁、太阳能电池、尖端制造、柔性电路、IC 封装等领域对高等级材料的需求不断增长,无色聚酰亚胺、热塑性聚酰亚胺、聚酰亚胺光刻胶、光敏性聚酰亚胺、聚酰亚胺压敏胶等被不断开发出来,很大程度上解决了相关领域内的技术难题,对提高产品的性能以及产品的升级换代起到了重要的作用。

二、实验设计要求

1. 掌握聚酰亚胺材料合成的基本原理,特别是两步法合成聚酰亚胺的原则及要点。
2. 理解并掌握聚酰亚胺前驱体聚酰胺酸的制备方法。
3. 理解并掌握聚酰胺酸亚胺化的具体方法。

4. 学会对聚酰胺酸及聚酰亚胺材料的结构、力学性能、绝缘性能、热性能等进行表征和分析。

5. 在资料查询的基础上，根据给出的制备方向，自己选题，确定方案、仪器、药品并实施。

三、设计及实验进程

1. 资料查询、设计方案。可供选择的题目：均苯型聚酰亚胺的合成、表征与性能；联苯型聚酰亚胺的合成、表征与性能；共聚型聚酰亚胺的合成、表征与性能等。或自拟题目。

2. 根据所设计的方案，提出仪器、药品和耗材，分组与老师讨论并确定方案的可行性，准备所需的仪器和药品。

3. 自主搭建仪器，开始合成实验。

4. 进行相关的测试和表征，撰写设计报告。

四、设计报告内容

1. 选题的背景或意义（前言）；

2. 方案的详细流程图（方框示意图）；

3. 实验方案；

4. 药品清单；

5. 仪器清单；

6. 实验过程与记录；

7. 结果与讨论；

8. 存在的问题与改进的思考；

9. 安全与环保问题；

10. 实验感想。

五、方法及提示

1. 一般采用两步法合成工艺
第二步一般采用热亚胺化法进行环化固化。

2. 查阅所用试剂的毒性，做好相关防护

附录一　　常用单体和引发剂精制方法

一、常用单体的性质及精制

在实际应用中,未经处理的单体一般不能直接用于聚合,除了存在于单体中的各种杂质外,为了保证单体在贮存、运输过程中不发生自聚和其他的副反应,还往往加入少量阻聚剂。这些杂质和阻聚剂在使用前必须仔细地除去。另外,单体的纯度各不相同,而不同的聚合机理对单体纯度的要求也不一样,即不同的聚合反应对单体所含杂质的种类、浓度等均有不同的要求。因此在聚合前对单体进行净化、精制是必不可少的。

单体的精制主要有以下几步:(1) 根据聚合反应所采用的聚合机理、聚合方法及单体所含杂质的种类、含量确定精制的目标和采用的工艺;(2) 实施精制;(3) 用仪器分析检测或通过聚合进行实测;(4) 保存备用。

1. 苯乙烯

苯乙烯是用途广泛的单体,工业生产主要以苯和乙烯为原料,在催化剂作用下产生烃化反应,生成乙苯,乙苯在高温条件下裂解脱氢,得到苯乙烯。商品苯乙烯为防止自聚一般加入阻聚剂,因而呈黄色。常用的阻聚剂有对苯二酚等,同时在贮存过程中苯乙烯还可能溶入水分和空气,这些在聚合前必须除去。

用于自由基聚合的苯乙烯,纯度要求相应要低一些,精制方法如下:

取 150 mL 苯乙烯于 250 mL 分液漏斗中,用 5%～10%氢氧化钠水溶液洗涤数次,直到无色(每次用量约 30 mL),再用去离子水洗至中性,以无水氯化钙干燥,然后在氢化钙存在下进行减压蒸馏,得到精制苯乙烯。

用于阴离子聚合的苯乙烯,纯度要求要高得多,精制方法如下:

取 150 mL 苯乙烯于 250 mL 分液漏斗中,用 5%～10%氢氧化钠水溶液洗涤数次,直到无色(每次用量约 30 mL),再用去离子水洗至中性,以无水氯化钙干燥,再用分子筛浸泡一周,然后在氢化钙或钠丝存在下进行减压蒸馏,得到精制苯乙烯。

苯乙烯减压蒸馏操作如下:安装好减压蒸馏装置,开动真空泵抽真空,用真空检漏计检查体系;用煤气灯烘烤可以烘焙的仪器约 15 min,然后关闭抽真空活塞和压力计活塞,通入高纯氮,约 1 min,再抽真空、烘烤。如此反复三次,待冷却后,在高纯氮保护下进行加料,先加入氢化钙 1～2 g,然后加已用分子筛浸泡过的苯乙烯,加至烧瓶一半体积即可。关闭高纯氮,抽真空同时加热蒸馏。根据苯乙烯沸点与压力关系收集馏分,适当弃去少量前馏分,接收正常馏分。所得精制苯乙烯在高纯氮保护下密封,于冰箱中保存待用。

2. 甲基丙烯酸甲酯

纯净的甲基丙烯酸甲酯为无色透明的液体,商品甲基丙烯酸甲酯中由于加入对苯二酚而呈现黄色。

取 150 mL 甲基丙烯酸甲酯于 250 mL 分液漏斗中,用 5%～10%的氢氧化钠水溶液洗涤数次,直到无色(每次用量约 30 mL),再用去离子水洗至中性,以无水硫酸钠干燥,然后在氢化钙存在下进行减压蒸馏,得到精制甲基丙烯酸甲酯。

3. 醋酸乙烯酯

纯净的醋酸乙烯酯为无色透明的液体,通常在单体中加入 0.01%～0.03%的阻聚剂对苯二酚,以防止单体自聚。

取 200 mL 的醋酸乙烯酯于 500 mL 的分液漏斗中,用饱和亚硫酸氢钠溶液洗涤三次(每次用量约为 50 mL),水洗三次(每次用量约为 50 mL)后,再用饱和碳酸钠溶液洗涤三次(每次用量约为 50 mL),然后用去离子水洗涤至中性,最后将醋酸乙烯酯放入 500 mL 磨口锥形瓶中,用无水硫酸钠干燥,过夜。将经过洗涤和干燥的醋酸乙烯酯在装有韦氏蒸馏头的精馏装置上进行精馏(为了防止暴沸和自聚,可在蒸馏瓶中加一粒沸石及少量的对苯二酚),收集 71.8～72.5℃之间的馏分。

4. 丁二烯

丁二烯是一种无色气体,室温下有一种适度甜感的芳烃气味,通常在单体中加入抗氧剂叔丁基邻苯二酚(TBC),丁二烯的贮存温度宜低于 27℃。

利用常温下丁二烯为气态的特点,将装有己烷的吸收瓶置于冰盐水浴中,待溶剂温度降到丁二烯沸点后,通入气态丁二烯,进行吸收(相当于经过一个蒸馏过程)。

5. 丙烯腈

纯净的丙烯腈为无色透明液体,其精制方法如下:

取 250 mL 工业丙烯腈放入 500 mL 蒸馏瓶中进行常压蒸馏,收集 76～78℃的馏分。将此馏分用无水氯化钙干燥 3 h 后,过滤至装有分馏装置的蒸馏瓶中,加几滴高锰酸钾溶液进行分馏,收集 77～77.5℃的馏分,得到精制的丙烯腈,在高纯氮保护下密闭避光保存备用。

注意:丙烯腈有剧毒,所有操作应在通风橱中进行,操作过程必须仔细,绝对不能进入口内或接触皮肤。仪器装置要严密,毒气应排出室外,残渣要用大量水冲掉。

6. 双酚 A

双酚 A,学名"2,2-二(4-羟基苯基)丙烷",简称二酚基丙烷。室温下为白色晶体,熔点在 156～158℃。主要用于制备环氧树脂和聚碳酸酯。因为制备工艺的原因,双酚 A 原料中常含有苯酚,影响了其作为聚合单体的活性和产品质量。其精制方法如下:

精制的主要仪器是降膜管。将需要精制的双酚 A 原料中加入 3%的苯酚,加热熔化后,加入到降膜管内,进行降膜蒸发。蒸出的苯酚在冷凝器内冷却后,采出到苯酚罐内,脱酚后的双酚 A 则进入产品罐内。

7. 均苯四甲酸二酐

均苯四甲酸二酐,简称均酐,室温下为白色或略微黄色的晶体。易吸潮水解。溶于 N-甲基吡咯烷酮、二甲基亚砜、二甲基甲酰胺、N-甲基丙酮等有机溶剂。主要用作聚酰亚胺的合成单体,也可以用于聚酯树脂的交联剂。

精制均苯四甲酸二酐的方法:将粗酐 15 g 溶解到 250 mL 二噁烷溶剂中,加热使其完全溶解,在热状态下过滤,然后冷却到溶剂的熔点(11℃)析出结晶,在 50～60℃下过滤结晶及减压下干燥,得到 14 g 左右精酐。

二、常用引发剂的性质及精制

1. 过氧化苯甲酰

过氧化苯甲酰(BPO)为白色结晶性粉末,熔点 103～106℃(分解),溶于乙醚、丙酮、氯仿和苯,易燃烧,受撞击、热、摩擦时会爆炸。常规试剂级 BPO 由于长期保存可能存在部分分解,且本身纯度不高,因此在用于聚合前需进行精制。BPO 的提纯常采用重结晶法,具体方法如下。

室温下,在 100 mL 烧杯中加入 5 g BPO 和 20 mL 氯仿,慢慢搅拌使之溶解,过滤,滤液直接倒入 50 mL 用冰盐冷却的甲醇中,则有白色针状结晶生成。用布氏漏斗过滤,再用冷的甲醇洗涤三次,每次用甲醇 5 mL,抽干。反复重结晶二次后,将固体结晶物置于真空干燥器中干燥,称量。产品放在棕色瓶中,保存于干燥器中备用。

重结晶时要注意溶解温度过高会发生爆炸,因此操作温度不宜过高。如考虑甲醇有毒,可用乙醇代替,但丙酮和乙醚对过氧化苯甲酰有诱发分解作用,故不适合作为重结晶的溶剂。

2. 偶氮二异丁腈

偶氮二异丁腈(AIBN)可通过丙酮、水合肼和氢氰酸反应或由丙酮、硫酸肼和氰化钠反应后再经氧化制得。为白色晶体,熔点 102～104℃,有毒,溶于乙醇、乙醚、甲苯和苯胺等,易燃,其精制方法如下:

在装有回流冷凝管的 150 mL 锥形瓶中加入 95% 的乙醇 50 mL,在水浴上加热至接近沸腾,迅速加入 AIBN 5 g,摇荡使其全部溶解(注意如煮沸时间长,AIBN 会发生严重分解),热溶液迅速抽滤(过滤所用吸滤瓶和漏斗必须预热),滤液冷却后得到白色晶体 AIBN,产品置于真空干燥箱中干燥,称量,在棕色瓶中低温保存备用。

3. 过硫酸钾和过硫酸铵

过硫酸钾由过硫酸铵溶液加氢氧化钾或碳酸钾溶液加热去氨和二氧化碳而制得,白色晶体,相对密度 2.477,在 100℃下分解,溶于水,有强氧化性。过硫酸铵由浓硫酸铵溶液电解后结晶而制得,无色单斜晶体,有时略带浅绿色,相对密度 1.982,在 120℃下分解,溶于水,有强氧化性。

过硫酸盐中主要杂质是硫酸氢钾(或铵)和硫酸钾(或铵),可用少量的水反复重结晶进行精制。具体方法是将过硫酸盐在 40℃溶解过滤,滤液用水冷却,过滤出结晶,并以冰水洗涤,用 $BaCl_2$ 溶液检验无 SO_4^{2-} 为止。将白色晶体置于真空干燥器中干燥、称量,在棕色瓶中低温保存备用。

4. 四氯化钛

四氯化钛为无色或淡黄色液体,相对密度 1.726,熔点 -30℃,沸点 136.4℃。在潮湿空气中分解为二氧化钛和氯化氢,并有烟雾生成。

四氯化钛中常含 $FeCl_2$,可加入少量铜粉,加热与之作用,过滤,滤液减压蒸馏。

5. 三氟化硼乙醚配位化合物

三氟化硼乙醚配位化合物 $BF_3[(CH_3CH_2)O]_2$ 为无色透明液体。接触空气易被氧化,使色泽变深。可用减压蒸馏精制。具体方法是在 500 mL 商品三氟化硼乙醚液中加入10 mL 乙醚和 2 g 氢化钙进行减压蒸馏，收集沸点 46℃/10 mmHg 馏分，折射率 $n_D^{20}=1.348$。

6. 萘锂引发剂

萘锂引发剂是一种用于阴离子聚合的引发剂，一般现做现用。

在高纯氮保护下，向净化好的 250 mL 反应瓶中加入切成小粒的金属锂 1.5 g，分析纯级萘 15 g，精制好的四氢呋喃 50 mL，将反应瓶放入冷水浴，同时开动搅拌，反应即开始，溶液逐渐变为绿色，再变为暗绿色。反应 2 h 后结束，取样分析浓度，高纯氮保护，在冰箱中保存备用。

附录二 高聚物特性黏度与相对分子质量关系（$[\eta]=KM^\alpha$参数表）

高聚物的特性黏度与相对分子质量关系

高聚物	溶剂	温度/℃	$K\times10^8/\mathrm{mL\cdot g^{-1}}$	α	相对分子质量范围 $M\times10^{-4}$	测试方法
聚乙烯	α-氯萘	125	43	0.67	5～100	光散射
	十氢萘	135	67.7	0.67	3～100	光散射
	1,2,3,4-四氢萘	120	23.6	0.78	5～100	光散射
聚异丁烯	苯	25	83	0.53	0.05～126	渗透压；冰点下降
		30	61	0.56	0.05～126	渗透压；冰点下降
	四氯化碳	30	29	0.68	0.05～126	渗透压；冰点下降
	环己烷	25	40	0.72	14～34	渗透压
		30	26.5	0.69	0.05～126	渗透压；冰点下降
	甲苯	25	87	0.56	14～34	渗透压
		30	20	0.67	5～146	渗透压
聚苯乙烯（无规）	苯	25	41.7	0.6	0.1～1	冰点下降
		25	9.18	0.743	3～70	光散射
	丁酮	25	39	0.58	1～180	光散射
		30	23	0.62	40～370	光散射
	氯仿	25	7.16	0.76	12～280	光散射
		25	11.2	0.73	7～150	渗透压
		30	4.9	0.794	19～373	渗透压
	四氢呋喃	25	12.58	0.7115	0.5～180	光散射
	甲苯	25	7.5	0.75	12～280	光散射
		25	44	0.65	0.5～4.5	渗透压
		30	9.2	0.72	4～146	光散射
聚氯乙烯（乳液聚合）	环己酮	30	12	0.71	40～370	光散射
50%转化		20	13.7	1	7～13	渗透压
86%转化	环己酮	20	143	1	3.0～12.5	渗透压
		25	8.5	0.75	4～20	光散射

高聚物	溶剂	温度/℃	$K \times 10^8$/mL·g^{-1}	α	相对分子质量范围 $M \times 10^{-4}$	测试方法
聚氯乙烯	环己酮	25	12.3	0.83	2~14	渗透压
		25	208	0.56	6~22	渗透压
		25	174	0.55	15~52	光散射
	四氢呋喃	20	1.63	0.92	2~17	渗透压
		25	15	0.77	1~12	光散射
		30	63.8	0.65	3~32	光散射
聚乙烯醇	水	25	20	0.76	0.6~2.1	渗透压
		25	67	0.55	2~20	光散射
		30	42.8	0.64	1~80	光散射
聚醋酸乙烯酯	丙酮	20	15.8	0.69	19~72	光散射
		25	21.4	0.68	4~34	渗透压
	苯	30	22	0.65	34~102	光散射
		30	56.3	0.62	3~86	渗透压
	丁酮	25	13.4	0.71	25~346	光散射
		30	10.7	0.71	3~120	光散射
	氯仿	25	20.3	0.72	4~34	渗透压
	甲醇	25	38.0	0.59	4~22	渗透压
聚丙烯酸丁酯	丙酮	25	6.85	0.75	5~27	光散射
聚丙烯酸丙酯	丁酮	30	15.0	0.687	71~181	光散射
聚丙烯酸甲酯	丙酮	25	19.8	0.66	30~250	光散射
		30	28.2	0.52	4~45	渗透压
	苯	25	2.58	0.85	20~130	渗透压
		30	4.5	0.78	7~160	光散射
	丁酮	20	3.5	0.81	6~240	光散射
聚丙烯腈	二甲基甲酰胺	25	24.3	0.75	3~25	光散射
		30	33.5	0.72	16~48	光散射
		35	31.7	0.746	9~76	光散射
聚甲基丙烯酸甲酯	丙酮	25	5.3	0.73	2~780	光散射
		30	7.7	0.70	6~263	光散射
	苯	25	5.5	0.76	2~740	光散射
		30	5.2	0.76	6~250	光散射
	丁酮	25	9.39	0.68	16~910	光散射
	氯仿	20	6.0	0.79	3~780	光散射
		25	4.8	0.80	8~137	光散射
	甲苯	25	7.1	0.73	4~330	光散射

附录三　主要聚合物的溶剂与沉淀剂

主要聚合物的溶剂与沉淀剂

高聚物	溶剂	沉淀剂	高聚物	溶剂	沉淀剂
聚乙烯	甲苯	正丙醇	聚乙烯醇	水	丙醇
	二甲苯	正丙醇		水	正丙醇
	二甲苯	三甘醇		乙醇	苯
聚氯乙烯	环己酮	正丁醇	聚丙烯腈	二甲基甲酰胺	庚烷
	环己酮	甲醇	聚甲基丙烯酸甲酯	丙酮	水
	四氢呋喃	丙醇		丙酮	己烷
	硝基苯	甲醇		苯	甲醇
	环己烷	丙酮		氯仿	石油醚
	四氢呋喃	甲醇			
聚苯乙烯	丁酮	甲醇	丁基橡胶	苯	甲醇
	丁酮	丁醇＋2％水	聚己内酰胺	甲酚	环己烷
	苯	甲醇		甲酚＋水	汽油
	三氯甲烷	甲醇		乙酸甲酯	丙酮 ＋水(体积比 1：3)
	甲苯	甲醇			
	苯	乙醇	乙基纤维素	苯-甲醇	庚烷
	甲苯	石油醚			
聚乙酸乙烯酯	丙酮	水	醋酸纤维素	丙酮	水
	苯	异丙醇		丙酮	乙醇

参 考 文 献

[1] 王新龙. 高分子科学与工程实验[M]. 南京：东南大学出版社，2012.

[2] 杨海洋. 高分子物理实验[M]. 2 版. 合肥：中国科学技术大学出版社，2008.

[3] 冯开才. 高分子物理实验[M]. 北京：化学工业出版社，2004.

[4] 何平笙. 高分子物理实验[M]. 合肥：中国科学技术大学出版社，2002.

[5] 何卫东. 高分子化学实验[M]. 2 版. 合肥：中国科学技术大学出版社，2012.

[6] 韩哲文. 高分子科学实验[M]. 上海：华东理工大学出版社，2005.

[7] 张举贤. 高分子科学实验[M]. 开封：河南大学出版社，1997.

[8] 复旦大学高分子系，高分子科学研究所. 高分子实验技术[M]. 上海：复旦大学出版社，1996.

[9] 吴智华. 高分子材料加工工程实验[M]. 北京：化学工业出版社，2004.

[10] 张兴英，李齐芳. 高分子科学实验[M]. 北京：化学工业出版社，2007.

[11] Toyoichi Tanaka. Experimental Methods in Polymer Science[M]. Imprint Academic Press，2000.